"十三五"普通高等教育规划教材

Python 程序设计基础教程

吕云翔 孟 爻 赵天宇 张 元 郭若冲 编著

机械工业出版社

Python 是一门简单易学、功能强大的编程语言，拥有高效的高层数据结构，特别适用于快速应用程序开发。本书共分为 16 章，主要内容包括：Python 简介、Python 环境搭建、函数、模块、文件操作、字符串与正则表达式、面向对象编程、异常处理、Python 基本概念、Python 控制结构、Python 多线程与多进程编程、使用 Python 进行 GUI 开发、使用 Python 进行数据管理、Python Socket 网络编程、使用 Python 进行 Web 开发，以及 Python 综合应用实例。

本书既可以作为高等院校相关专业的教材，也可以作为程序设计爱好者的学习指导用书。

本书配套授课电子课件，需要的教师可登录 www.cmpedu.com 免费注册，审核通过后下载，或联系编辑索取。QQ：2850823885。电话：010-88379739。

图书在版编目（CIP）数据

Python 程序设计基础教程 / 吕云翔等编著. —北京：机械工业出版社，2018.5
“十三五”普通高等教育规划教材
ISBN 978-7-111-60316-0

Ⅰ. ①P… Ⅱ. ①吕… Ⅲ. ①软件工具－程序设计－高等学校－教材
Ⅳ. ①TP311.561

中国版本图书馆 CIP 数据核字（2018）第 141416 号

机械工业出版社（北京市百万庄大街 22 号 邮政编码 100037）
策划编辑：郝建伟 责任编辑：郝建伟
责任校对：张艳霞 责任印制：孙炜
天津千鹤文化传播有限公司印刷
天津千鹤文化传播有限公司装订
2018 年 8 月第 1 版 · 第 1 次印刷
184mm×260mm · 13.75 印张 · 332 千字
0001－3000 册
标准书号：ISBN 978-7-111-60316-0
定价：45.00 元

前　　言

Python 是一门解释型、支持面向对象特性的、动态数据类型的高级程序设计语言。自从20 世纪 90 年代 Python 公开发布以来，经过 20 多年的发展，Python 以其语法简洁而高效、类库丰富而强大、适合快速开发等原因，成为当下最流行的脚本语言之一，也被广泛应用到统计分析、计算可视化、图像工程和网站开发等许多专业领域。

相比于 C++、Java 等语言来说，Python 更加易于学习和掌握，并且利用其大量的内置函数与丰富的扩展库来快速实现许多复杂的功能。在 Python 语言的学习过程中，仍然需要通过不断的练习与体会来熟悉 Python 的编程模式，尽量不要将其他语言的编程风格用在 Python 中，而要从自然、简洁的角度出发，以免设计出冗长且低效的 Python 程序。

本书的主要特色如下。

知识技术全面准确：本书主要针对国内高校相关专业的学生及程序设计爱好者，详细介绍了 Python 语言的各种规则和规范，以便让读者能够全面掌握这门语言，从而设计出优秀的程序。

内容架构循序渐进：本书的知识脉络清晰明了，第 1～5 章主要介绍 Python 的基本语法规则，第 6～9 章主要讲解一些更加深层的概念，而第 10～16 章则选取了 Python 在一些当下流行的具体应用场景下的使用方法。本书内容由浅入深，便于读者理解和掌握。

代码实例丰富完整：针对书中的每一个知识点都会配有一些示例代码，并辅以相关说明文字及运行结果，某些章节还会对一些经典的程序设计问题进行深入的讲解和探讨。读者可以参考源程序上机操作，加深体会。

微课辅助学习：在某些章节，尤其是有关实际编程的章节，辅助有视频讲解。

本书中所有的代码均能在 Python 2.7.11 版本下成功运行，对其稍加调整后也可以适用于 Python 3.x 版本。

本书由吕云翔、孟爻、赵天宇、张元、郭若冲编著。

由于 Python 的教学方法本身还在探索之中，加之编者的水平和能力有限，本书难免存在疏漏之处。恳请各位同仁和广大读者给予批评指正，也希望各位读者能将实践过程中的经验和心得与我们交流（yunxianglu@hotmail.com）。

编　者

目　录

第1章　Python简介

本章主要介绍Python语言的起源、发展及推广的过程；然后简单明了地阐述Python语言的特点，以及广受开发者好评的原因。

1.1　Python的发展历程

自从20世纪90年代初Python语言诞生至今，它已被逐渐广泛应用于系统管理任务的处理和Web编程。

Python的创始人为Guido van Rossum。1989年圣诞节期间，在阿姆斯特丹，Guido为了打发圣诞节的无趣，决心开发一个新的脚本解释程序，作为ABC语言的一种继承。之所以选中Python（中文意为“大蟒蛇”）作为该编程语言的名称，是因为他是一个名为Monty Python的喜剧团体的爱好者。

ABC是由Guido参与设计的一种教学语言。就Guido本人看来，ABC这种语言非常优美和强大，是专门为非专业程序员设计的。但是ABC语言并没有取得成功，究其原因，Guido认为是其非开放造成的。Guido决心在开发Python的过程中避免这一错误。同时，他还想实现在ABC中闪现过但未曾实现的东西。

就这样，Python在Guido的手中诞生了。可以说，Python是从ABC发展起来的，主要受到了Modula-3（另一种相当优美且强大的语言，为小型团体所设计的）的影响，并且结合了UNIX Shell和C的习惯。

1991年，第一个Python编译器（也是解释器）诞生。它是用C语言实现的，并能够调用C语言的库文件。自诞生之日起，Python就已经具有类、函数、异常处理、包含表和词典在内的核心数据类型，以及模块为基础的拓展系统。

Python语法很多来自C，但又受到ABC语言的强烈影响。来自ABC语言的一些规定直到今天还富有争议，如强制缩进。但这些语法规定让Python容易读。另一方面，Python聪明地选择服从一些惯例，特别是C语言的惯例，如回归等号赋值。Guido认为，如果是“常识”上确立的东西，没有必要过度纠结。

Python从一开始就特别在意可拓展性。Python可以在多个层次上拓展。在高层，可以直接引入.py文件；在底层，可以引用C语言的库。Python程序员可以快速地使用Python编写.py文件作为拓展模块。但当性能是考虑的重要因素时，Python程序员可以深入底层，编写C程序，编译为.so文件引入到Python中使用。Python就好像是使用钢构建房一样，先规定好大的框架，而程序员可以在此框架下相当自由地拓展或更改。

最初的Python完全由Guido本人开发。Python得到了Guido的同事们的欢迎。他们迅速地反馈使用意见，并参与到Python的改进中来。Guido和一些同事组成Python的核心团队。他们将自己大部分的业余时间都用于研究Python。随后，Python拓展到研究所之外。

Python 将许多机器层面上的细节隐藏，交给编译器处理，并凸显出逻辑层面的编程思考。Python 程序员可以花更多的时间用于思考程序的逻辑，而不是具体的实现细节。这一特征吸引了广大程序员，Python 开始流行。

Python 被称为 Battery Included，是说它标准库的功能强大。这是整个社区的贡献。Python 的开发者来自不同领域，他们将不同领域的优点带给 Python。比如 Python 标准库中的正则表达是参考 Perl，而 lambda、map、filter 和 reduce 等函数参考了 Lisp。Python 本身的一些功能及大部分的标准库来自于社区。Python 的社区不断扩大，进而拥有了自己的 newsgroup、网站及基金。从 Python 2.0 开始，Python 也从 maillist 的开发方式转为完全开源的开发方式。社区氛围已经形成，开发工作被整个社区分担，Python 也获得了更加高速的发展。

到今天，Python 的框架已经确立。Python 语言以对象为核心组织代码，支持多种编程范式，采用动态类型，自动进行内存回收。Python 支持解释运行，并能调用 C 库进行拓展。Python 拥有强大的标准库。由于标准库的体系已经稳定，所以 Python 的生态系统开始拓展到第三方包，如 Django、web.py、wxpython、numpy、matplotlib 和 PIL 等。

2017 年 7 月，根据 IEEE Specturm 研究报告显示，在 2016 年排名第三的 Python 已经成为世界上最受欢迎的语言，C 和 Java 分别位居第二和第三位。

1.2 Python 的语言特点

Python 是一种面向对象、直译式计算机程序设计语言，这种语言的语法简捷而清晰，具有丰富和强大的类库，基本上能胜任用户平时需要的编程工作。

可以写一个 UNIX Shell 脚本或 Windows 批处理文件完成任务，然而 Shell 脚本更擅长于移动文件和修改文本数据，不适合于图形界面应用程序或游戏。可以编写一个 C、C++ 或 Java 的程序，但是就算一个简单的方案草案，也需要花费大量的时间。Python 更易于使用，可在 Windows、Mac OS X 和 UNIX 操作系统上使用，并会帮助用户更快速地完成工作。

Python 简单易用，但它是一个真正的编程语言，比 Shell 脚本或批处理文件提供了更多的结构和对大型程序的支持。另一方面，Python 比起 C 提供了更多的错误检查，同时作为一门高级语言，它具有高级的内置数据类型，如灵活的数组和字典。由于 Python 提供了更为通用的数据类型，比起 Awk 甚至 Perl，它适合更宽广的问题领域。同样在做许多其他的事情上，Python 也不会比别的编程语言更复杂。

Python 允许用户将自己的程序分成不同的模块，可以在其他 Python 程序中重用这些模块。它配备了一个标准模块，可以自由使用这些标准模块作为程序的基本结构，或者作为例子开始学习 Python 编程。这些模块提供了类似文件 I/O、系统调用、网络编程，甚至像 Tk 的用户图形界面工具包。

Python 是一门解释性语言，它可以在程序开发期节省相当多的时间，因为它不需要编译和链接。Python 解释器可以交互使用，这使得用户很容易体验 Python 语言的特性，以便于编写发布用的程序，或者进行自下而上的开发。它也是一个方便的桌面计算器。

Python 让程序可以写得很健壮和具有可读性，用 Python 编写的程序通常比 C、C++或 Java 要短得多，其原因如下。

1）高级的数据类型使用户在一个语句中可以表达出复杂的操作。

2）语句的组织是通过缩进而不是开始和结束括号。

3）不需要变量或参数的声明。

Python 是可扩展的：如果用 C 编写程序就很容易为解释器添加一个新的内置函数或模块，也能以最快速度执行关键操作，或者使 Python 程序能够连接到所需的二进制架构上（如某个专用的商业图形库）。一旦真正选择了 Python，可以将 Python 解释器连接到用 C 编写的应用上，使得解释器作为这个应用的扩展或命令性语言。

由于 Python 语言的简洁性、易读性及可扩展性，在国外用 Python 做科学计算的研究机构日益增多，一些知名大学已经采用 Python 来教授程序设计课程。例如卡耐基梅隆大学的编程基础、麻省理工学院的计算机科学及编程导论就使用 Python 语言讲授。众多开源的科学计算软件包都提供了 Python 的调用接口，如著名的计算机视觉库 OpenCV、三维可视化库 VTK 和医学图像处理库 ITK。而 Python 专用的科学计算扩展库就更多了，例如下列 3 个十分经典的科学计算扩展库：NumPy、SciPy 和 matplotlib，它们分别为 Python 提供了快速数组处理、数值运算及绘图功能。因此 Python 语言及其众多的扩展库所构成的开发环境十分适合工程技术、科研人员处理实验数据、制作图表，甚至开发科学计算应用程序。

习题

一、简述题

1. 查阅资料，了解 Python 在不同方向的应用，以及对应的库有哪些。
2. 查阅资料，了解 Guido 发明 Python 的趣事。

第2章 Python环境搭建

本章主要介绍Python在主流平台（如Windows、Linux、UNIX、Mac）上的安装、环境搭建等；然后用经典的“Hello，Python”带领读者首次创建属于自己的Python程序，对Python这门语言有一个直观的认识。

2.1 Python安装

在开始编程之前，需要安装一些新软件。下面简要介绍如何下载和安装Python。如果想直接跳到安装过程的介绍而不看详细的向导，可以直接访问http://www.python.org/download，下载并安装Python的最新版本。

Python在不同平台下的安装方式不同，本节分为Windows、UNIX&Linux和Mac共3种平台进行介绍。

2.1.1 在Windows平台上安装Python

在Windows平台上安装Python的方法如下。

1）打开Web浏览器访问网站http://www.python.org/download/。

2）在下载列表中选择Windows平台安装包，包格式为python-XYZ.msi文件，XYZ为要安装的版本号。

3）要使用安装程序python-XYZ.msi, Windows系统必须支持Microsoft Installer 2.0搭配使用。只要保存安装文件到本地计算机，然后运行它，看看机器是否支持MSI。Windows XP和更高版本已经有MSI，很多老机器也可以安装MSI。

4）下载后，双击下载包，进入Python安装向导，安装非常简单，只需使用默认的设置一直单击“下一步”按钮直到安装完成即可。

2.1.2 在UNIX & Linux平台上安装Python

目前很多Linux发行版如Ubuntu等已经预装了Python 2.7或Python 3的环境，如果没有预装，可以按照以下方法安装。

1）打开Web浏览器访问网站http://www.python.org/download/。

2）选择适用于UNIX/Linux的源码压缩包。

3）下载并解压压缩包。

4）如果需要自定义一些选项，则修改Modules/Setup。

5）执行 ./configure 脚本。

6）执行make命令。

7）执行make install命令。

8）执行以上操作后，Python 会安装在/usr/local/bin 目录中，Python 库安装在/usr/local/lib/pythonXX 目录中，XX 为所使用的 Python 的版本号。

2.1.3　在 Mac 平台上安装 Python

最近的 Mac 系统都自带有 Python 环境，也可以在网站 http://www.python.org/download/ 上下载最新版安装。

2.2　Windows 下的环境变量配置

以下为在 Windows 10 中配置 Python 环境变量的具体步骤。

首先找到 Python 的安装位置，如图 2-1 所示（默认安装至 C 盘）。

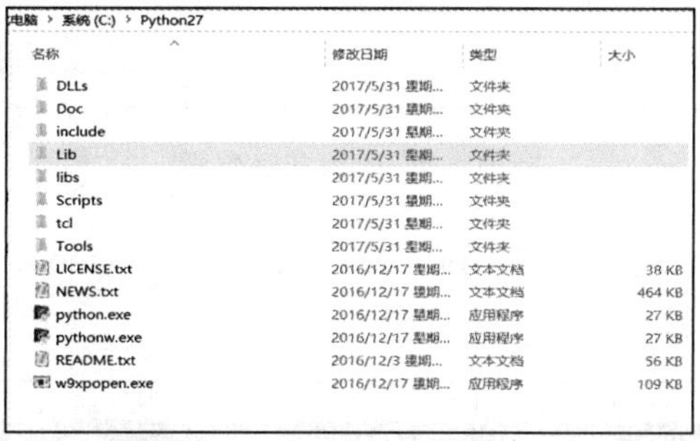

图 2-1　默认 Python 安装路径

复制 Python 的路径，右击“计算机”图标，在弹出的快捷菜单中选择“属性”命令，然后进入“高级系统设置”中，单击“环境变量”按钮，弹出“环境变量”对话框，如图 2-2 所示。

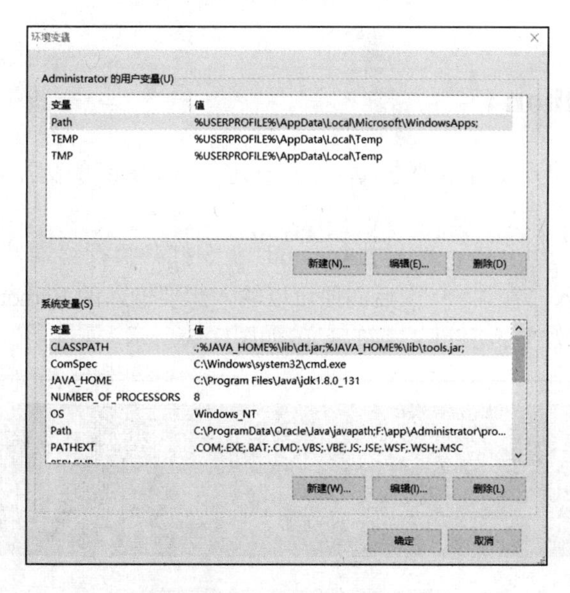

图 2-2　“环境变量”对话框

在“系统变量”中找到 path，向其中添加 Python 路径，如图 2-3 所示。

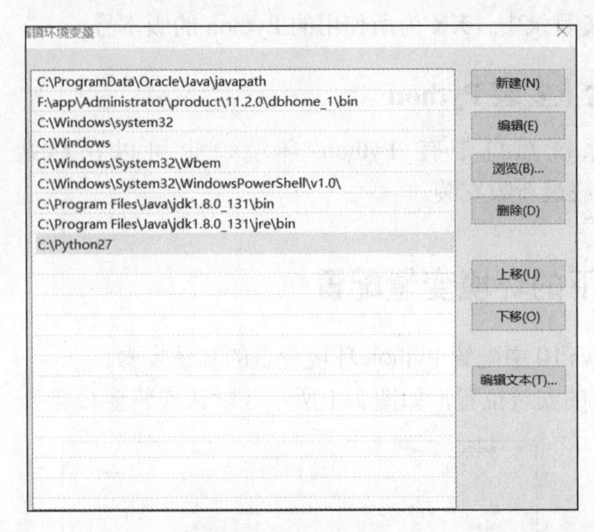

图 2-3　编辑环境变量

然后检验 Python 是否已安装好，进入命令行，输入 python，若得到以下信息则表示已经安装好了，如图 2-4 所示。

```
C:\Windows\system32\cmd.exe - python
Microsoft Windows [版本 10.0.14393]
(c) 2016 Microsoft Corporation。保留所有权利。

C:\Users\Administrator>python
Python 2.7.13 (v2.7.13:a06454b1afa1, Dec 17 2016, 20:42:59) [MSC v.1500 32 bit (Intel)] on win32
Type "help", "copyright", "credits" or "license" for more information.
>>>
```

图 2-4　验证 Python 安装与配置

2.3　Hello，Python

Python 脚本应用的开发有两种方式，一种是进入 Python 的交互环境下开发，另一种则是直接编写脚本文件。

按〈Windows+R〉组合键，然后执行 cmd 命令打开执行终端，输入 python，当出现“>>>”则说明成功进入，在“>>>”后面便可以输入想要输入的 Python 语句，举例如下。

1）print 的输出方法是：print‘字符串’，如图 2-5 所示。

```
C:\Windows\system32\cmd.exe - python
Microsoft Windows [版本 10.0.14393]
(c) 2016 Microsoft Corporation。保留所有权利。

C:\Users\Administrator>python
Python 2.7.13 (v2.7.13:a06454b1afa1, Dec 17 2016, 20:42:59) [MSC v.1500 32 bit (Intel)] on win32
Type "help", "copyright", "credits" or "license" for more information.
>>> print 'Hello,Python'
Hello,Python
>>>
```

图 2-5　使用 print 输出字符串

按〈Enter〉键执行后，就可以看到输出内容了。

2）退出交互环境的函数：exit()，如图 2-6 所示。

```
Microsoft Windows [版本 10.0.14393]
(c) 2016 Microsoft Corporation。保留所有权利。

C:\Users\Administrator>python
Python 2.7.13 (v2.7.13:a06454blafal, Dec 17 2016, 20:42:59) [MSC v.1500 32 bit (Intel)] on win32
Type "help", "copyright", "credits" or "license" for more information.
>>> print 'Hello,Python'
Hello,Python
>>> exit()

C:\Users\Administrator>
```

图 2-6　使用 exit()函数退出交互环境

可以看到已经退出 Python 的交互环境了。但是这种方法显得很麻烦，每次还得手工输入命令，并且该命令符窗口关闭以后，前面所做的操作全部都会无效。所以，在实际开发时还是以新建脚本文件（Python 的脚本文件以.py 结尾），然后编写该脚本，最后执行该脚本的流程学习使用，具体步骤如下。

1）新建一个 test.py 文件。

2）用文本方式打开该文件（若在 Window 环境下建议用 notepad++文本编辑器）。

3）输入：print 'Hello,Python'。

4）保存。

5）在同目录下新建一个 cmd.bat 文件，输入 cmd.exe 保存（该方式是快速进入工作目录）。

6）输入 python test.py 查看执行效果，会发现 'Hello,Python' 会被输出出来，如图 2-7 所示。

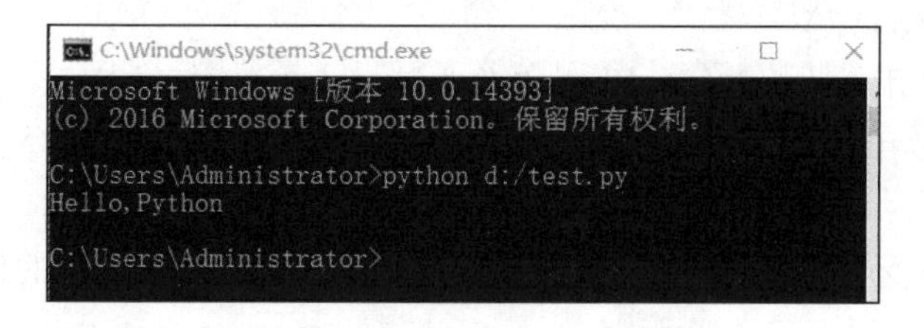

图 2-7　使用 Python 脚本文件

习题

一、简述题

查阅资料，了解 Windows 环境变量中 path 的含义或 Linux 中/bin 目录的特点。

二、实践题

在 Windows 或 Linux 系统中自己搭建 Python 环境，完成“Hello、World”的输出。

第 3 章　Python 基本概念

本章以介绍 Python 这门语言的基础概念为主，首先讲述 Python 这门语言的基本数据类型；然后介绍运算符，包括算术运算符、关系运算符、逻辑运算符、位运算符、身份运算符和成员运算符等；从而引出表达式、常用模块及函数的概念，并对基本输入/输出给出了明确的解释。

3.1　基本数据类型

计算机可以处理各种各样的数据，不同的数据需要定义不同的数据类型来存储。数据类型决定了如何将代表这些数据值的位存储到计算机的内存中。例如，整数 25 和字符串 Python 会在计算机内存中用不同的方式来存储和组织。

Python 的基本数据类型包括整型、浮点型、字符串、布尔值和空值等。

3.1.1　整型

Python 可以处理任意大小的整数，也包括负整数。十进制整数的表示方式与数学上的写法相同，如 10、-255、0、2016 等。此外，Python 还支持十六进制、八进制和二进制整数。

十六进制整数需要用 0x 或 0X 作为前缀，用 0～9 和 a～f 作为基本的 16 个数字来表示，如 0xffff、0x4f5da2 等。

八进制整数需要用 0 作为前缀，用 0～7 作为基本的 8 个数字来表示，如 011、0376 等。

二进制整数需要用 0b 或 0B 作为前缀，用 0 和 1 作为基本数字来表示，如 0b1010，0b10110 等。

代码清单 3-1 演示了 Python 中的几种不同进制下的整数及长整数的使用方法。

代码清单 3-1

```
1    print 2016
2    print 0xffff
3    print 0376
4    print 0b101101
```

【输出结果】

```
2016
65535
254
44
```

实际上，Python 中的整数可以分为普通整数和长整数。普通整数对应 C 语言中的 long

类型，其精度至少为 32 位；长整数具有无限的精度范围。当所创建的整数大小超过普通整数取值范围时将自动创建为长整数，也可以通过对数字添加后缀 L 或 l 来手动创建一个长整数。

3.1.2 浮点型

在 Python 中，浮点型用来表示实数，绝大多数情况下用来表示小数。浮点数可以采用普通的数学写法，如 1.234、-3.14159、12.0 等。

对于特别大或特别小的浮点数，可以使用科学计数法表示，如-1.23e11、3.2e-12 等。其中，使用字母 e 或 E 来表示 10 的幂。因此上面的两个例子就表示-1.23×10^{11}和3.2×10^{-12}。

3.1.3 复数

除整数和浮点数外，Python 还提供了复数作为其内置类型之一，如 3+2j、7-2j 等。其中 j 代表虚数单位。

3.1.4 字符串

字符串是使用单引号或双引号括起来的任意文本，如'Hello World'，"Python"等。请注意引号本身不是字符串的一部分，只说明了字符串的范围。例如，字符串'ab'只包含 a 和 b 两个字符。使用 "或" "可以表示空字符串。

一个字符串使用哪种引号开头就必须以哪种引号结束。例如字符串"I'm"就包含了 I、' 和 m 共 3 个字符，字符串的结束是双引号而非单引号。

通过以上说明，可以知道字符串'He's good'是不合法的，因为字符串将在第二个单引号处结束，后边的字符部分和第三个单引号成为非法部分。针对这个问题有两种解决方法，第一种方法是将外部的引号换成双引号，将字符串变为"He's good"。但当字符串中包含了两种引号时这种方法就无效了。

第二种方法是使用转义字符（\）来标识出引号。通过在某些字符前加上转义字符可以表示特别的含义。在上面所说的情况下，通过在引号前加上反斜杠来打印引号。因此，上述字符串可以被写作'He\'s good'。同样，\"用来在字符串中表示一个双引号字符。

除了对引号进行转义，转义字符还用来表示一些特殊的字符。例如，\n 表示换行符，即一行的结束。Python 中常用的转义字符如表 3-1 所示。

表 3-1 Python 中的转义字符

转义字符	名称	ASCII 值
\b	退格符	8
\t	制表符	9
\n	换行符	10
\f	换页符	12
\r	回车符	13
\\	反斜线	92
\'	单引号	39
\"	双引号	34

如果字符串中有许多字符需要转义，就需要添加很多反斜杠，这就会降低字符串的可读性。Python 可以使用 r 加在引号前表示内部的字符默认不转义。例如，字符串 r"a\tb"中的\t将不再转义，就表示反斜杠字符和 t 字符。

另外，Python 还提供了一种特殊的符号——三引号(''')。三引号可以接受多行内容，也可以直接打印出字符串中无歧义的引号。

代码清单 3-2 演示了 Python 中字符串及转义字符的使用方式。

代码清单 3-2

```
1    print 'Hello World'
2    print "Python"
3    print "He's good"
4    print 'He\'s good'
5    print "a\tb\nc\td"
6    print r"a\tb"
7    print '''abc
8    def'''
```

【输出结果】

```
Hello World
Python
He's good
He's good
a	b
c	d
a\tb
abc
def
```

3.1.5 布尔值

布尔值即真 True 或假 False。在 Python 中，可以直接使用 True 或 False 表示布尔值。当从其他类型转换成布尔值时，值为 0 的数字（包括整型 0、浮点型 0.0 等）、空字符串、空值 None 和空集合被认为是 False，其他值均被认为是 True。

3.1.6 空值

空值是 Python 中一个特殊的值，用 None 来表示。

3.1.7 变量

变量用来存储程序中的各种数据，对应着计算机内存中的一块区域。变量通过唯一的标识符来标识，通过各种运算符来对变量中存储的值进行操作。

3.1.8 变量的命名

标识符用来标识变量的名称。在 Python 中，命名标识符需要遵循以下规则。

- 标识符可以由字母、数字及下画线组成。
- 标识符的第一个字符可以是字母或下画线，但不能以数字开头。
- 标识符不能与 Python 的关键字重名。
- 标识符是大小写敏感的。比如 xyz 和 Xyz 指的不是同一个变量。

例如，abc、name 和 _myvar 等都是合法的标识符，而下列例子均不符合标识符的命名规则，因此都不是合法的标识符。

- 1abc：标识符不能以数字开头。
- xy#z：标识符中不能有特殊字符#。
- Li Hua：标识符中不能有空格。
- if：标识符不能与关键字重名

3.1.9 变量的创建

Python 是一种动态类型语言，因此变量不需要显式地声明其数据类型。在 Python 中，所有的数据都被抽象为“对象”，变量通过赋值语句来指向对象，变量赋值的过程就是将变量与对象关联起来的过程。每当变量被重新赋值时，不是修改对象的值，而是创建一个新的对象并用变量与它关联起来。因此，Python 中的变量可以被反复赋值成不同的数据类型。与 C 语言等强类型语言不同的一点是，Python 中的变量不需要声明，变量会在第一次赋值时被创建。

在 Python 中使用等号（=）表示赋值，例如，a=1 表示将整数 1 赋给变量 a。代码清单 3-3 展示了在 Python 中为变量赋值的方法。

代码清单 3-3

```
1    a = 1
2    print a
3    b = a
4    print b
5    a = 'ABC'
6    print a
7    print b
```

【输出结果】

```
1
1
ABC
1
```

在上面的例子中，变量的创建和赋值过程如图 3-1 所示。在执行第 1 行代码时，程序首先创建变量 a，在内存中创建值为 1 的整型对象并将 a 指向这一区域。在执行第 3 行代码时，程序将创建变量 b 并指向变量 a 所指向的内存区域。在执行第 5 行代码时，程序将在内存中创建字符串'ABC'并将变量 a 重新指向这一区域。

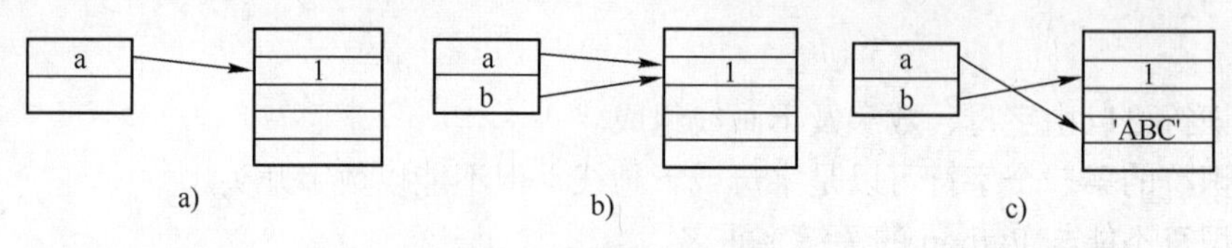

图 3-1　变量赋值过程

在程序中，还有一些一旦被初始化后就不能被改变的量，它们被称为常量。Python 并没有提供常量的关键字，人们一般使用全部大写的变量名来表示常量，如下所示。

```
PI = 3.1415926535898
```

实际上这种表示常量的方式只是一种约定俗成的用法，PI 仍是一个变量，Python 仍然允许其值被修改。

3.2　运算符

在程序中，运算符是对操作数进行运算的某些符号。例如，在表达式“1+2”中，“+”是运算符，1 和 2 是其操作数。Python 中的运算符可以按照其功能划分为算术运算符、关系运算符、逻辑运算符、位运算符、身份运算符和成员运算符等。运算符还可以按操作数的个数，分为单目运算符和双目运算符。

3.2.1　算术运算符

算术运算符用于对操作数进行各种算术运算。Python 中的算术运算符如表 3-2 所示。

表 3-2　算术运算符

运算符	描述	实例
+	加法运算或正号	1+2 结果为 3，+1 结果为 1
-	减法运算或负号	5-3 结果为 2，-2 结果为-2
*	乘法运算	2*10 结果为 20
/	除法运算	15/3 结果为 5，16/3 结果为 5，5.0/2 结果为 2.5
**	求幂运算	2**3 结果为 8
//	取整除法	5//2 结果为 2，5.0//2.0 结果为 2.0
%	求模运算	7%3 结果为 1

注意：

在 Python 2 中，除法运算符（/）返回值的类型与精度较高的操作数相同。例如 5/2 的结果为 2，而 5.0/2 的结果为 2.5。而在 Python 3 中，除法运算符（/）永远返回一个浮点数，因此 5/2 的结果将为 2.5。

3.2.2　关系运算符

关系运算符又称比较运算符，其作用是比较两个操作数的大小并返回一个布尔值。

关系运算符的两个操作数可以是数字或字符串。当操作数是字符串时，会将字符串自左向右逐个字符比较其 ASCII 值，直到出现不同的字符或字符串结束。例如，字符串 'comuter'> 'compare'。

Python 中的关系运算符如表 3-3 所示。

表 3-3 关系运算符

运 算 符	描 述	实 例
==	等于	1 == 1 返回 True，'abc' == 'ABC'返回 False
<	小于	5 < 10 返回 True，'comuter'< 'compare'返回 False
>	大于	2 > 6 返回 False，'abc'> 'ab'返回 True
<=	小于等于	6 <= 7 返回 True
>=	大于等于	9 >= 9 返回 True
!=	不等于	'abc' != 'ABC'返回 True

注意：

在 Python 中，也可以使用运算符“<>”来表示不等于，与“!=”完全等价。Python 的官方文档建议使用“!=”的形式，“<>”被认为是废弃的。

3.2.3 逻辑运算符

逻辑运算符用来对布尔值进行与、或、非等逻辑运算。其中，布尔“非”是单目运算符，布尔“与”和布尔“或”为双目运算符。逻辑运算符的操作数都应该是布尔值，如果是其他类型的值将转换为布尔值后再进行运算。

Python 中的逻辑运算符如表 3-4 所示。

表 3-4 逻辑运算符

运 算 符	描 述	实 例
and	布尔“与”	True and True 返回 True True and False 返回 False False and True 返回 False False and False 返回 False
or	布尔“或”	True or True 返回 True True or False 返回 True False or True 返回 True False or False 返回 False
not	布尔“非”	not True 返回 False not False 返回 True

3.2.4 位运算符

位运算符将数字看作二进制下的数来进行运算。在 Python 中，位运算符包括左移运算符（<<)、右移运算符（>>)、按位与（&)、按位或（|)、按位异或（^）和按位取反（~)。

Python 的位运算符如表 3-5 所示。

表 3-5　位运算符

运 算 符	描　述	实　例
<<	左移运算符：将左操作数的二进制位全部左移若干（右操作数）位，高位丢弃，低位补 0	2<<3 返回 16 二进制解释：00000010 →00010000
>>	右移运算符：将左操作数的二进制位全部右移若干（右操作数）位，低位丢弃，高位补 0	13>>2 返回 3 二进制解释：00001101 →00000011
&	按位与：将两个操作数对应的二进制位做与运算，得到结果	22&7 返回 6 二进制解释：00010110 00000111 →00000110
|	按位或：将两个操作数对应的二进制位做或运算，得到结果	22|7 返回 23 二进制解释：00010110 00000111 →00010111
^	按位异或：将两个操作数对应的二进制位做异或运算，得到结果	22^7 返回 17 二进制解释：00010110 00000111 →00010001
~	按位取反：将操作数的每个二进制位取反，得到结果	~7 返回-8 二进制解释：00000111 →11111000（-8 的补码表示）

3.2.5　身份运算符

身份运算符用于比较两个对象的内存位置是否相同，如表 3-6 所示。

表 3-6　身份运算符

运算符	描　述	实　例
is	如果操作符两侧变量指向同一对象则返回 True，否则返回 False	i=1 j=i i is j 返回 True
is not	如果操作符两侧变量指向不同对象则返回 True，否则返回 False	i=1 j=2 i is not j 返回 True

3.2.6　成员运算符

成员运算符用于查找对象是否在某个序列中，序列包括字符串、列表和元组。Python 的成员运算符如表 3-7 所示。

表 3-7　成员运算符

运算符	描　述	实　例
in	当在指定序列中找到值时返回 True，否则返回 False	'a' in 'abc' 返回 True 'ac' in 'abcd' 返回 False
``not in	当在指定序列中找到值时返回 False，否则返回 True	'a' not in 'abc' 返回 False 'ac' not in 'abcd' 返回 True

3.3　表达式

表达式是由数字、变量、运算符或括号等组成的有意义的组合。表达式依据其中的值和运算符进行若干次运算，最终得到表达式的返回值。

3.3.1 算术表达式

表达式中最常见也是最基础的一类就是算术表达式。在 Python 中编写一个算术表达式十分简单，就是使用运算符与括号对数学式进行直接转换。例如，下列数学式：

$$\frac{5(27x-3)}{12}+\left(\frac{10y+7}{9}\right)^2$$

就被转换为如下的 Python 表达式。

```
5 * (27 * x – 3) / 12 + ((10 * y + 7) / 9) ** 2
```

Python 的算术表达式的运算规则与数学式相同：首先执行括号内的运算，内层括号优先被执行；然后执行幂运算（**）；接下来计算乘法（*）、除法（/和//）及求模运算（%）；最后计算加法（+）和减法（-）。

只要在表达式之前定义变量 x 与 y 的值，即可计算出此式的值。代码清单 3-4 演示了如何在 Python 中计算这一表达式的值并输出。

代码清单 3-4

```
1    x = 1
2    y = 2
3    print 5 * (27 * x – 3) / 12 + ((10 * y + 7) / 9) ** 2
```

【输出结果】

```
19
```

3.3.2 优先级

在一个表达式中，Python 会根据运算符的优先级从低到高进行运算。Python 操作符的优先级如表 3-8 所示，由上向下优先级逐渐递减。

表 3-8 运算符优先级

运 算 符	描 述
lambda	lambda 表达式
or	布尔或
and	布尔与
not	布尔非
in, not in, is, is not, <, <=, >, >=, <>, !=, ==	比较，包括成员测试和身份测试
|	按位或
^	按位异或
&	按位与

（续）

运　算　符	描　述
<<, >>	移位
+, -	加法和减法
*, /, //, %	乘法、除法、取余
+x, -x, ~x	正数、负数、按位取反
**	求幂运算
x[index], x[index:index], x(arguments...), x.attribute	下标、切片、调用、属性引用
(expressions...), [expressions...], {key: value...}, `expressions...`	元组生成、列表生成、字典生成、字符串转换

3.4 赋值语句

本书在前面已经简要介绍了变量的赋值。本节将对赋值语句进行更加深入的介绍。

3.4.1 赋值运算符

将一个值赋给一个变量的语句被称为赋值语句。在 Python 中使用等号（=）作为赋值运算符。一般赋值语句的语法格式为：变量=表达式。

赋值运算符右边的表达式可以是一个数字或字符串、一个已被定义的变量或一个复杂的式子。代码清单 3-5 是一些简单的赋值语句代码。

代码清单 3-5

```
1    x = 1              #变量 x 赋值为整数 1
2    y = 2.3            #变量 y 赋值为浮点数 2.3
3    z = (1 + 2) * 3    #变量 z 赋值为表达式的返回值
4    t = x + 1          #变量 t 赋值为变量 x 与 1 的和
```

需要引起注意的是，一个变量可以在赋值运算符两边同时使用，如下所示。

```
x = 2 * x + 1
```

在数学中，这看起来更像一个方程；但在 Python 中，这是一个合法的赋值语句，它表示将原有 x 的值乘 2 加 1 后重新赋值给 x，但在这条语句之前必须已经定义了 x 这个变量。

如果一个值被赋值给多个变量，可以将多个赋值运算符连用，如下所示。

```
x = y = z = 1
```

由于赋值运算符是从右向左结合的，这等价于三条语句，如下所示。

```
z = 1
y = z
x = y
```

在程序设计中，交换变量的值是使用赋值语句十分常见且基础的操作。假设程序中有两个变量 x 和 y，如何编写 Python 代码交换它们的值呢？代码清单 3-6 给出了一种最常见的写法，即引入一个临时变量。

代码清单 3-6

```
1    x = 1
2    y = 2
3    temp = x        #将 x 的值赋给临时变量 temp
4    x = y           #将 y 的值交换给 x
5    y = temp        #将存储了原 x 的值 temp 变量赋值给 y
```

除此之外，Python 还支持一种同时赋值的语法，如下所示。

```
var1, var2, …, varn = exp1, exp2, …, expn
```

该表达式是将赋值运算符右边的表达式的值同时赋值给左边对应的变量。这一语法使得用户可以通过一条赋值语句就完成交换两个变量值的工作，如下所示。

```
x, y = y, x
```

由于赋值是同时的（至少语句表现出来的效果和同时的效果相同），因此两个值可以不需要临时变量的过渡就可以完成交换。

3.4.2 增强型赋值运算符

使用赋值运算符时，经常会对某个变量的值进行修改并赋值给自身，如下所示。

```
x = x + 1
```

Python 允许将某些双目运算符和赋值运算符结合使用来简化这一语法。例如，上面的赋值语句可以写为

```
x += 1
```

Python 中所有的增强型赋值运算符如表 3-9 所示。

表 3-9 增强型赋值运算符

运 算 符	描 述	实 例
+=	加法赋值运算符	a += b 等价于 a = a + b
-=	减法赋值运算符	a -= b 等价于 a = a - b
*=	乘法赋值运算符	a *= b 等价于 a = a * b
/=	除法赋值运算符	a /= b 等价于 a = a / b
//=	整除赋值运算符	a //= b 等价于 a = a // b
%=	求模赋值运算符	a %= b 等价于 a = a % b
**=	求幂赋值运算符	a **= b 等价于 a = a ** b
>>=	右移赋值运算符	a >>= b 等价于 a = a >> b
<<=	左移赋值运算符	a <<= b 等价于 a = a << b
&=	按位与赋值运算符	a &= b 等价于 a = a & b
|=	按位或赋值运算符	a |= b 等价于 a = a | b
^=	按位异或赋值运算符	a ^= b 等价于 a = a ^ b

需要注意的是，增强型赋值运算符的两个符号中间不能有空格。否则，编译器将返回一条错误。

3.5 常用函数

Python 标准库提供了许多模块与函数供编程人员使用。学习和使用这些函数对于更好地使用 Python 进行程序设计有很大帮助。本节将介绍几个常用函数。

3.5.1 常用内置函数

内置函数（也称内建函数）是指不需要导入任何模块即可直接使用的函数。函数就是程序中一段包装起来的具有特定功能的代码。函数通过函数名和参数列表进行调用，通过返回值向外部返回结果。例如，调用最大值函数 max 的代码如下所示。

```
max_num = max(2, 3)
```

Python 提供了极其丰富的内置函数，可以进行类型转换、常用数学运算等。本节将对其中经常使用的内置函数进行说明。本书也会在后续章节中陆续介绍其他内置函数。

如果想要了解完整的内置函数列表，可以查看官方文档，或执行下列 Python 语句来查看。

```
print dir(__builtins__)
```

3.5.2 类型转换函数

Python 提供的类型转换函数用于在各种数据类型之间互相转换，下面举例分别介绍。

```
bin(i)
```

这个函数将整数转换为二进制字符串，以'0b'开头。例如，执行 bin(12)将返回字符串'0b1100'。

```
bool([x])[1]
```

这个函数将一个值转换为布尔值。如果 x 为空值 None、空字符串、0 或省略时返回 False，否则均返回 True。例如，执行 bool('Hello World')将返回 True，而执行 bool()将返回 False。

```
chr(i)
```

这个函数将一个 ASCII 码整数转换为对应的单字符字符串。参数 i 应该是在闭区间[0,255]内的整数，否则将抛出 ValueError 的错误。例如，执行 chr(97)将返回字符串'a'。

---

[1] 中括号在这里指参数可省略，下同。当有多层中括号嵌套时，意味着只有内层括号中的参数省略后才能省略外层括号中的参数。

complex([real[,imag]])

这个函数将两个整型参数转换为一个复数，其值为 real+imag*j，其中 j 是虚数单位。如果省略参数，将默认为 0 传入。例如，执行 complex(3,2)将返回复数(3+2j)，而执行 complex(2)将返回复数(2+0j)。此外，该函数还支持从字符串到复数的转换。此时，函数只接受一个字符串参数。例如，执行 complex('5+6j')将返回复数(5+6j)。

float([x])

这个函数将字符串或者数字转换为浮点数。例如，执行 float(3)将返回 3.0，而执行 float('3.14')将返回浮点数 3.14。如果省略参数将返回 0.0。

hex(x)

这个函数将整数转换为十六进制字符串，以'0x'开头。例如，执行 hex(255)将返回字符串'0xff'。

int([x[,base]])

这个函数将数字或字符串转换为一个十进制整数。如果 x 是浮点型，转换为整数时将向 0 截断。例如，执行 int(3.14)将返回 3。

如果 x 为字符串（或 Unicode 对象），则允许使用参数 base 来表示该串整数的基数。例如，如果 base=8 时，第一个字符串参数将被解释为八进制整数。以 n 为基数的字符串可以包括数字 0～n-1，并可以用字母 a～z（或 A～Z）来表示数字 10～35。例如，执行 int('13',7)将返回整数 10，执行 int('ak',30)将返回整数 320。

base 的默认值为 10，即如果直接执行 int('123')将返回整数 123。

long([x[,base]])

这个函数将数字或字符串转换为一个十进制长整数。函数参数及用法与 int()函数基本相同。例如，执行 long('23333')将返回长整数 23333，执行 long('zzz',36)将返回长整数 46655。

oct(x)

这个函数将一个整数转换为一个八进制字符串，以'0'开头。例如，执行 oct(10)将返回字符串'012'。

ord(c)

这个函数将一个单字符字符串（或 Unicode 对象）转换为一个整数。此函数可以看作是 chr()的逆运算。例如，执行 ord('a')将返回整数 97。

str([object])

这个函数将一个对象转换为一个可打印的字符串。如果参数被省略，则返回空字符串''。例如，执行 str(3.14)将返回字符串'3.14'。

3.5.3 数学运算函数

Python 提供了一些内置函数来进行一些简单的数学运算，下面举例分别介绍。

```
abs(x)
```

这个函数返回一个数的绝对值。参数可以是一个整数、长整数或浮点数。如果参数是复数，则返回它的模。例如，执行 abs(-12.3)将返回浮点数 12.3，执行 abs(3+4j)将返回浮点数 5.0。

```
cmp(x,y)
```

这个函数返回两个对象的比较结果。如果 x< y，返回-1；如果 x == y，返回 0；如果 x> y，返回 1。

```
max(arg1, arg2, *args)
```

这个函数返回多个（两个及以上）参数中的最大值。例如，执行 max(3, 2, 5, 1)将返回整数 5。

```
min(arg1, arg2, *args)
```

这个函数返回多个（两个及以上）参数中的最小值。例如，执行 min(2, 6, 1)将返回整数 1。

```
pow(x, y[, z])
```

这个函数将返回 x 的 y 次幂，相当于 x ** y。如果提供了可选参数 z 的时候，将返回 x 的 y 次幂的取模的结果。例如，执行 pow(2, 3)将返回整数 8，执行 pow(2, 3, 5)将返回整数 3。

```
round(number[, ndigits])
```

这个函数返回一个浮点数的近似值，保留小数点后 ndigits 位。如果省略 ndigits，它默认为 0。例如，执行 round(3.14159, 2)将返回 3.14，执行 round(3.7)将返回 4.0。

3.6 常用模块

Python 使用模块将代码封装起来。除了 Python 的内置函数之外，Python 标准库所提供的函数均被封装在各个模块中。要调用模块中的函数，需要在代码顶部使用 import 语句导入该模块，并且在调用时使用类似“模块名.函数名(参数)”的格式进行调用。以 math 模块中的 ceil 函数为例，在代码顶部需要添加下列语句。

```
import math
```

调用 ceil 函数时使用类似下面的语句。

```
result = math.ceil(3.3)
```

本节将介绍 Python 中 math 模块和 random 模块中的部分函数。如果要查看 Python 标准库提供的模块和函数，请查阅相关官方文档。

3.6.1 math 模块

math 模块为 Python 提供了许多数学函数。math 模块的部分函数如表 3-10 所示。

表 3-10 math 模块的部分函数

函数原型	描述	实例
math.fabs(x)	以浮点数类型返回 x 的绝对值	fabs(-2)返回 2.0
math.ceil(x)	返回一个浮点数，即 x 向上取整的结果	math.ceil(3.2)返回 4.0
math.floor(x)	返回一个浮点数，即 x 向下取整的结果	math.floor(3.2)返回 3.0
math.factorial(x)	返回 x 的阶乘	math.factorial(6)返回 720
math.exp(x)	返回 e^x 的值	math.exp(2)返回 7.380956
math.log(x[, base])	返回以 base 为底 x 的对数，即 $\log_{base}x$；省略参数 base 将返回 x 的自然对数，即 ln x	math.log(math.e)返回 1.0 math.log(100,10)返回 2.0
math.log10(x)	返回 x 的常用对数（以 10 为底）	math.log10(1000)返回 3.0
math.pow(x,y)	返回 x^y 的结果	math.pow(3,2)返回 9.0
math.hypot(x, y)	返回欧几里得范数，即 $\sqrt{x^2+y^2}$	math.hypot(3.0, 4.0)返回 5.0
math.sin(x)	返回 x 的正弦值，x 以弧度表示	math.sin(math.pi/2)返回 1.0
math.cos(x)	返回 x 的余弦值，x 以弧度表示	math.cos(math.pi)返回-1.0
math.tan(x)	返回 x 的正切值，x 以弧度表示	math.tan(math.pi/4)返回 1.0
math.asin(x)	返回 arcsin x，以弧度表示	math.asin(1.0)返回 1.570796
math.acos(x)	返回 arccos x，以弧度表示	math.acos(1.0)返回 0.0
math.atan(x)	返回 arctan x，以弧度表示	math.atan(0.0)返回 0.0
math.atan2(y, x)	返回原点至(x,y)的方位角，以弧度表示	math.atan2(-1, -1)返回-2.35619449
math.degrees(x)	将 x 从弧度制转换为角度制	math.degrees(math.pi)返回 180.0
math.radians(x)	将 x 从角度制转换为弧度制	math.radians(180)返回 3.14159265

此外，math 模块还定义了数学常量 π 和 e，可以使用 math.pi 和 math.e 来访问它们。

可以使用 math 库中的数学函数来帮助解决许多数学问题。例如，由高中数学知识可知，已知三角形的 3 条边，可以计算出三角形的 3 个角的大小。代码清单 3-7 就展示了如何使用 Python 和 math 模块来解决这一问题。

代码清单 3-7

```
1    import math
2    x1, y1, x2, y2, x3, y3 = 1, 1, 6.5, 1, 6.5, 2.5
3    #计算 3 条边长
4    a = math.sqrt((x2 - x3) * (x2 - x3) + (y2 - y3) * (y2 - y3))
5    b = math.sqrt((x1 - x3) * (x1 - x3) + (y1 - y3) * (y1 - y3))
```

```
6  c = math.sqrt((x1 - x2) * (x1 - x2) + (y1 - y2) * (y1 - y2))
7  #利用余弦定理计算3个角的角度
8  A = math.degrees(math.acos((a * a - b * b - c * c) / (-2 * b * c)))
9  B = math.degrees(math.acos((b * b - a * a - c * c) / (-2 * a * c)))
10 C = math.degrees(math.acos((c * c - a * a - b * b) / (-2 * a * b)))
11 #输出3个角的角度
12 print "The three angles are", round(A, 2), round(B, 2), round(C, 2)
```

【输出结果】

```
The three angles are 15.26 90.0 74.74
```

这段程序在第 2 行定义了三角形 3 个点的坐标，第 4～6 行计算 3 条边的长度，第 8～10 行利用余弦定理计算 3 个角的角度，第 12 行输出结果。其中，第 4～6 行代码可以使用 math 模块的 hypot 函数进行替换，请读者自行思考并尝试。

3.6.2 random 模块

在编写程序时，有时需要程序提供一些随机的行为。例如，在某计算机游戏中，进行一次物理攻击有 80%的概率命中目标。大多数编程语言都提供了生成伪随机数的函数，在 Python 中，这类函数被封装在 random 模块中。

random 模块的部分函数如表 3-11 所示。

表 3-11 random 模块的部分函数

函数原型	描述
random.random()	在(0.0,1.0)区间内随机返回一个浮点数
random.uniform(a, b)	在[a,b]（或[b,a]）区间内随机返回一个浮点数
random.randint(a, b)	在[a,b]区间内随机返回一个整数

3.7 基本输入/输出

输入/输出是程序中非常重要的一部分，程序通过输入和输出来与用户进行交互。本节将介绍 Python 中的基本输入与输出。

3.7.1 基本输出

在本书前面的章节中，已经使用过 print 语句进行输出。在 Python 2.X 中，print 作为关键字出现，用来打印表达式的值。最简单的 print 语句格式如下。

```
print 表达式
```

执行此语句将在控制台上打印出表达式的值并自动换行。

当需要使用一条 print 语句打印多个表达式的值时，需要将多个表达式用逗号隔开，格式如下。

```
print 表达式 1, 表达式 2, 表达式 3, …
```

执行此语句会在控制台上打印出多个表达式的值，并以空格隔开，最后自动换行。

如果不想 print 语句最后自动输出空行，则需要在语句末尾添加一个逗号，如下所示。

```
print 表达式 1,表达式 2,表达式 3,
```

代码清单 3-8 演示了 print 语句的用法实例，读者可自行编写代码，熟悉 print 语句的用法。

代码清单 3-8

```
1    import math
2    a = 1
3    b = 2
4    print "The two numbers are", a, b #输出三个表达式
5    print "The sum of the numbers is", a + b #输出两个表达式
6    print "PI equals", #输出后不换行
7    PI = math.pi
8    print PI
```

【输出结果】

```
The two numbers are 1 2
The sum of the numbers is 3
PI equals 3.14159265359
```

注意：

在 Python 3.X 中，print 不再作为关键字而存在，而是成为了一个新的内置函数。因此，需要将待打印的表达式的值作为 print 函数的参数传入。举例如下。

```
print("Hello World", 123, 3.14)
```

print 函数的用法也与 Python 2.X 中的 print 语句有一些区别。例如，在 Python 3.X 中如果想输出后不打印换行，需要指定 print 函数的 end 参数。举例如下。

```
print ("Hello World", end='')
```

3.7.2 基本输入

除了将程序的结果打印到控制台外，程序有时也需要接收来自用户的输入作为某些变量的值。Python 2.X 提供了两个内置函数来接收用户的控制台输入，即 raw_input 函数和 input 函数。

在介绍 raw_input 函数之前，需要先介绍另一个内置函数——eval 函数。eval 函数用于接收一个字符串参数，并将该参数作为 Python 表达式来演算，返回值是被演算的表达式的结果。代码清单 3-9 演示了 eval 函数的使用方法。

代码清单 3-9

```
1    import math
2    x = 3
3    print 'x+1'
4    print eval('x+1')
5    print 'math.pi*2'
6    print eval('math.pi*2')
```

【输出结果】

```
x+1
4
math.pi*2
6.28318530718
```

raw_input 函数接收用户的控制台输入并将输入作为字符串返回（去掉末尾的换行符）。raw_input 函数有一个可选参数，如果存在该参数，则会将参数先输出后再接收用户的输入。举例如下。

```
raw_string = raw_input('Please input here:')
```

这条语句将在控制台输出字符串“Please input here:”，然后准备接收用户的输入。

由于 raw_input 函数返回的是字符串，可能需要程序进行类型转换之后再进行操作。可以使用内置类型转换函数进行转换，有时也可以借助 eval 函数实现转换。代码清单 3-10 展示了使用 raw_input 处理输入的例子。

代码清单 3-10

```
1    number1 = int(raw_input("Please input an integer:"))
2    number2 = eval(raw_input("Please input another integer:"))
3    number3, number4, number5 = eval(raw_input("Please input three integer:"))
4    sum = number1+number2+number3+number4+number5
5    print "The sum of these 5 integers is", sum
```

【输出结果】

```
Please input an integer:1
Please input another integer:2
Please input three integer:3,4,5
The sum of these 5 integers is 15
```

第 1 行和第 2 行代码分别使用内置函数 int 和 eval 将 raw_input 的返回结果转换为整型，在此例中达到的效果一样。在代码第 3 行中，raw_input 函数接收由逗号分隔的 3 个整数作为输入，通过 eval 函数转换为 Python 表达式后，与赋值运算符的前半部分构成了同时赋值的语法，相当于同时输入了 3 个整数。

此外，Python 2.X 还提供了 input 函数。input 函数也有一个可选参数，同样用于输出到控制台。input 函数等同于 eval(raw_input())。在 Python 官方文档中，更推荐使用 raw_input 函数。

实际上，用户的输入完全有可能不是所预期的类型或者出现某种错误。因此，当对 raw_input 函数的返回值进行类型转换或使用 input 函数直接接收输入时，不当的输入会使程序出现错误并终止运行。

注意：

Python 3.X 只提供了 input 函数来接收用户在控制台上的输入，然而其用法相当于 Python 2.X 中的 raw_input 函数，即返回字符串类型作为结果。

习题

一、简述题

1．Python 有哪几种基本数据类型？分别介绍其作用。

2．Python 有几类运算符？分别介绍其作用。

3．什么是增强型赋值运算符？

二、实践题

1．编写 Python 程序输出下列数学式子的值。

（1） $\frac{x}{y}+(5z+14)^2, x=4, y=2, z=1$

（2） $\sin(x)*\cos(y), x=\frac{\pi}{4}, y=\frac{\pi}{6}$

2．假如想把一笔钱以固定年利率存入账户。当将其存入若干年后，账户中一共应有多少钱？计算公式为：

$$最终金额=本金(1+年利率)^{年数}$$

3．编写一个程序，提示用户输入三角形的 3 个顶点(x1, y1)、(x2, y2)、(x3, y3)，然后输出三角形的面积。计算三角形面积的公式如下。

$$s=\frac{a+b+c}{2}$$

$$S=\sqrt{s(s-a)(s-b)(s-c)}$$

其中，a、b、c 分别代表三角形的 3 条边长。

第 4 章　Python 控制结构

本章首先介绍 Python 这门语言中三种最基本的控制结构；然后介绍各种常用的循环结构，如 while 循环、for 循环和 break&continue 语句，并引出了循环结构的嵌套。

4.1　三种基本控制结构

在结构化程序设计中，有三种基本的控制结构（也称控制语句），分别是：顺序结构、选择结构和循环结构。这三种基本控制结构在 1996 年被意大利人 Bobra 和 Jacopini 提出。

顺序结构是最简单的控制结构，即按照语句的书写顺序依次执行。本书前面的示例代码均是顺序结构。

选择结构又称为分支结构，它表示根据程序运行时的某些特定条件来选择其中一个分支执行。选择结构可以分为单选择结构、双选择结构和多选择结构。

循环结构是指程序在满足某条件时会反复执行某些操作。循环结构可以分为当型循环和直到型循环。循环结构作为程序设计中最能发挥计算机特点的基本控制结构，可以减少程序代码重复书写的工作量。

4.1.1　选择结构

选择结构会根据程序中的某些特定条件来执行特定语句。Python 提供了 if 语句、if…else 语句，以及 if…elif…else 语句来支持选择结构。Python 2.5 之后的版本还支持条件表达式作为一种轻量级的选择结构。

4.1.2　单选择结构——if 语句

本节介绍选择结构中最简单的单选择结构。单选择结构表示：当且仅当某条件为真时，执行某代码段。Python 中单选择结构的语法结构如下。

```
if 表达式:
语句块
```

其中，if 为 Python 的关键字，后边的表达式要返回一个布尔值或能够转换为布尔值的对象。如果该表达式返回 True，将执行下一行的语句块。需要注意的是，这里的语句块必须向右缩进若干长度；如果语句块包含有多行语句，需要有相同的缩进长度。

图 4-1 显示了 if 语句的流程图。流程图是用来描述算法或过程的图，将程序中的步骤描述为一些形状，连接这些形状的箭头用来表示控制流，即程序的执行方向和路线。图中的菱形框用来表示条件，而普通矩形框则表示一般语句。

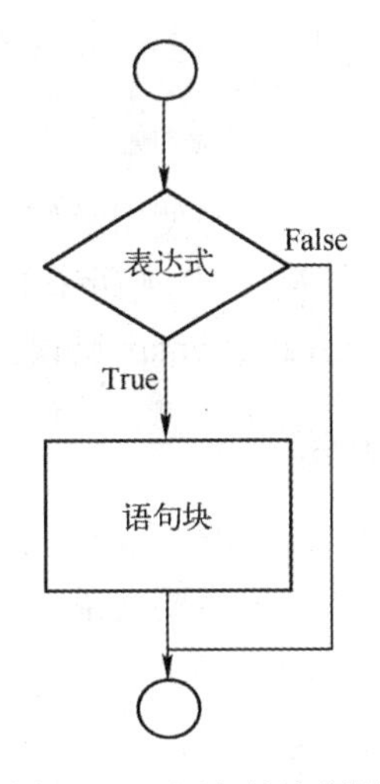

图 4-1　if 语句的流程图

代码清单 4-1 展示了一个使用 if 语句实现单选择结构的例子。程序需要用户输入两个整数，并按照升序将其输出。

代码清单 4-1

```
1    a = int(raw_input("Please input the first integer:"))
2    b = int(raw_input("Please input the second integer:"))
3    print "before exchange:", a, b
4    if a > b:      #if 语句条件
5    a, b = b, a   #if 语句块
6    print "after exchange", a, b     #if 结构外语句，该句一定会执行
```

【输出结果】

```
Please input the first integer:3
Please input the second integer:1
before exchange: 3 1
after exchange 1 3
```

程序前两行接收用户的输入，第 3 行打印交换前两个变量的值。当变量 a 的值小于 b 的值时（第 4 行），则交换两个变量的值（第 5 行）。第 6 行输出交换后两个变量的值，此时变量 a 的值一定不大于 b。

if 语句中的表达式可以是单个变量或对象，其中最常用的运算符有关系运算符（>、<、==、<=、>=、!=）和逻辑运算符（and、or、not）。结合使用这些运算符可以创造出更复杂的条件。例如，当判断一个变量 x 是否为两位数时，其代码如下。

```
if x >= 10 and x < = 99:
    ...
```

与其他编程语言不同的是，Python 中的关系运算符可以连用。因此，上面的代码也可以被写作以下形式。

```
if 10 <= x <= 99:
    ...
```

另外，Python 还禁止在 if 后的表达式中使用赋值运算符“=”，这避免了其他编程语言中误把关系运算符“==”写成赋值运算符“=”所带来的问题。在 Python 中，如果在 if 语句的表达式中出现赋值运算符，将抛出 invalid syntax 错误。

4.1.3 双选择结构——if…else 语句

当某个条件为 True 时，使用一个 if 语句会完成一个动作；而如果条件为 False 时，程序将不执行任何动作而继续向后执行。那如果需要在条件为 False 时也执行一些动作应该怎么办呢？这就需要使用代表双选择结构的 if…else 语句。if…else 语句会根据条件是 True 或 False 而分别执行不同的动作。

if…else 语句的语法格式如下。

```
if 表达式:
语句块 1
else:
语句块 2
```

如果 if 关键字后的表达式返回 True，则程序执行语句块 1；如果返回 False，程序将跳转执行语句块 2。if…else 语句的流程图如图 4-2 所示。

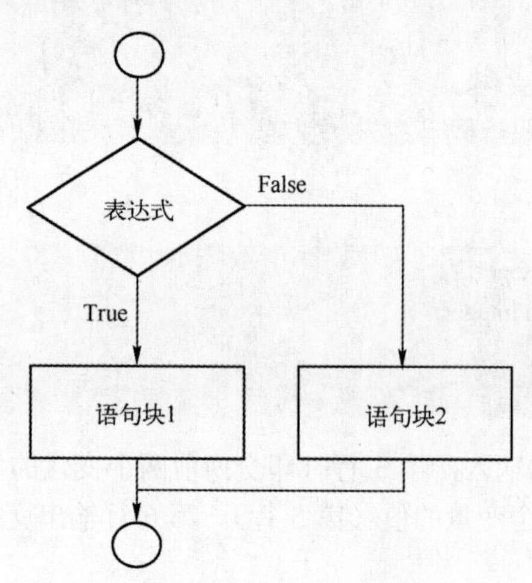

图 4-2 if…else 语句的流程图

代码清单 4-2 展示了一个使用 if…else 语句判断奇偶数的程序。

代码清单 4-2

```
1    x = int(raw_input("Please input an integer:"))
2    if x % 2 == 0:
3    print x, "is even."     #如果 if 条件满足则执行该语句
4    else:
5    print x, "is odd."      #如果 if 条件不满足则执行该语句
```

【输出结果】

```
Please input an integer:15
15 is odd.
```

程序第 2 行判断用户输入的整数是否对 2 的模为 0。如果是，则该整数为偶数（第 3 行）；否则为奇数（第 5 行）。

此外，Python 2.5 及以后的版本还引入了条件表达式来作为一种轻量级的双选择结构。条件表达式类似于 C 语言中的三目运算符（A?x:y）的作用。条件表达式的语法格式如下。

```
x if C else y
```

条件表达式将首先计算 C 的值。如果 C 为 True，则计算表达式 x 的值并返回；否则计算表达式 y 的值并返回。例如，下面的语句可以实现类似绝对值函数的作用：当变量 x 为负数时，去掉负号；否则返回自身，代码如下。

```
y = x if x >= 0 else -1 * x
```

4.1.4 多选择结构——if…elif…else 语句

当选择结构需要的分支多于两个时，就需要用到多选择结构，在 Python 中表达为 if…elif…else 语句。该语句将依次根据多个表达式来决定执行哪个语句块：当某个表达式返回值为 True 时，将执行该条件下的语句块，而其余分支的语句块均不执行；当所有表达式都返回 False 时，将执行 else 子句下的语句块。

if…elif…else 语句的语法格式如下。

```
if 条件表达式 1:
语句块 1
elif 条件表达式 2:
语句块 2
elif 条件表达式 3:
语句块 3
…
else:
语句块 n
```

首先计算条件表达式 1，如果返回 True，将执行语句块 1；否则将计算条件表达式 2。如果条件表达式 2 返回 True，将执行语句块 2，否则计算条件表达式 3……。如果全部表达式均返回 False，则执行 else 子句后的语句块 n。图 4-3 展示了 if…elif…else 语句的流程图。

另外，if…elif…else 语句允许省略 else 子句，此时相当于 else 子句下的语句块为空语句。即如果前面所有表达式均不满足，则该选择结构将不执行任何动作。

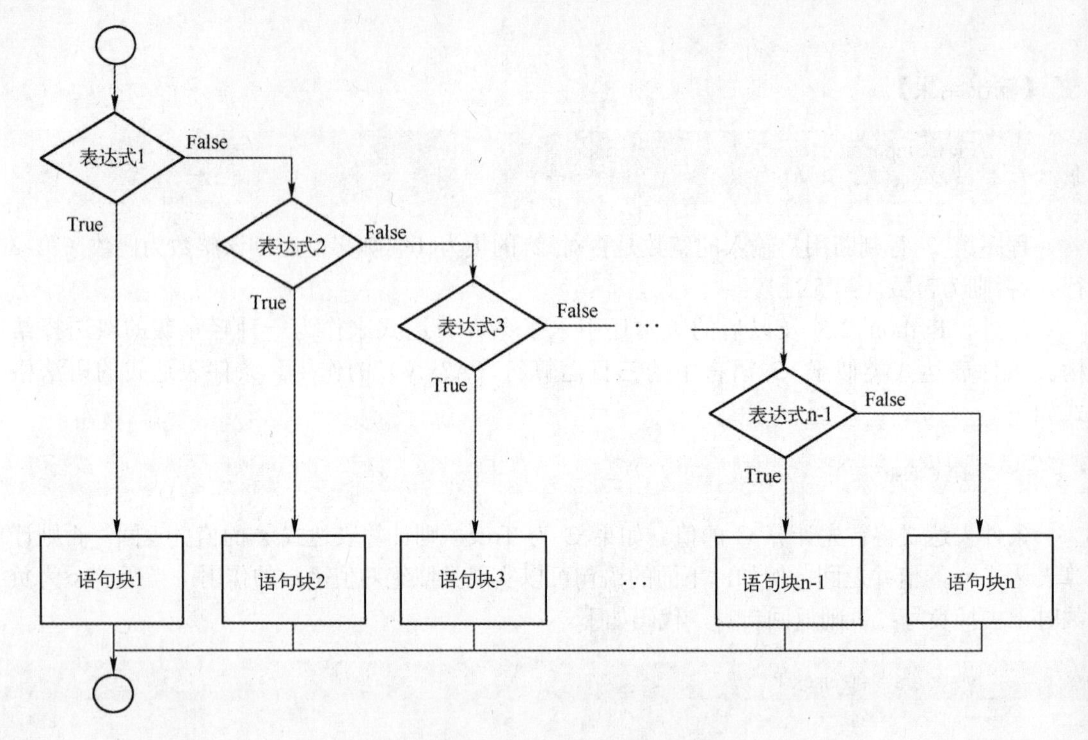

图 4-3 if…elif…else 语句的流程图

可以使用多选择结构来解决多分支的问题。例如，需要设计一个将百分制分数转换为学分绩点的程序。百分制成绩和学分绩点的转换关系如表 4-1 所示。

表 4-1 百分制成绩与学分绩点的转换关系

成绩（百分制）	学 分 绩 点
90～100	4
80～89	3
70～79	2
60～69	1
0～59	0

代码清单 4-3 显示了这一问题的解决方案。程序在第 1 行接收用户输入的分数并存入 score 变量。第 2~13 行是程序的多选择结构。首先测试第一个条件，即分数是否合法。如果输入的成绩不合法（小于 0 分或大于 100 分），则将 gpa 变量赋值为不合法的-1。接下来的其他条件分支分别对应表 4-1 中的成绩范围，并在分支内将 gpa 赋值为对应的学分绩点。第 15~18 行的 if…else 语句判断计算出的 gpa 变量是否合法。如果 gpa 不小于 0 则输出转换后的学分绩点，如果 gpa 小于 0（对应第 3 行的赋值）则输出错误信息，提示用户输入不合法。

代码清单 4-3

```
1   score = float(raw_input("Please input the score:"))
2   if score < 0.0 or score > 100.0:     #第一个分支
3   gpa = -1
```

```
4    elif score >= 90.0:        #第二个分支
5    gpa = 4
6    elif score >= 80.0:        #第三个分支
7    gpa = 3
8    elif score >= 70.0:        #第四个分支
9    gpa = 2
10   elif score >= 60.0:        #第五个分支
11    gpa = 1
12   else:                      #如果所有条件均不满足，则执行此分支
13   gpa = 0
14   #另一个 if…else 结构，用来输出结果
15   if gpa >= 0:
16   print "GPA is", gpa
17   else:
18   print "invalid score:", score
```

【输出结果】

```
Please input the score:97
GPA is 4
```

4.1.5 选择结构的嵌套

在 Python 中，一个选择结构子句中的语句也可以包括另一个选择结构。此时，内部 if 语句被称为嵌套在外部的 if 语句中。内部的 if 语句也可以继续嵌套另一个 if 语句。嵌套的深度是没有限制的。

使用嵌套的 if 语句时，需要更加注意代码的缩进量，因为这决定了代码是处在哪一级代码块中的，从而影响程序的逻辑是否被正确实现。

代码清单 4-4 展示了 if 语句的嵌套。用户输入三角形的 3 条边长，程序判断能否组成三角形；如果能组成三角形，输出三角形面积并判断该三角形是哪些类型（锐角三角形、直角三角形、钝角三角形、等腰三角形或等边三角形）。

代码清单 4-4

```
1    import math
2    #接收用户输入三角形的 3 条边长
3    a = float(raw_input("Please input a:"))
4    b = float(raw_input("Please input b:"))
5    c = float(raw_input("Please input c:"))
6    #按 a、b、c 升序排列 3 条边长
7    if a < c:
8     a, c = c, a
9    if a < b:
10    a, b = b, a
11   if b < c:
12    b, c = c, b
```

```
13  if b + c > a:                  #如果构成三角形
14   s = (a + b + c) / 2.0
15   area = math.sqrt(s * (s - a) * (s - b) * (s - c))
16   print "The triangle's area is", area
17  #计算最大内角的余弦值
18  cosA = (b * b + c * c - a * a) / 2.0 / b / c
19  if cosA > 0.0:                 #锐角三角形
20  print "The triangle is an acute triangle."
21  elif cosA == 0.0:              #直角三角形
22  print "The triangle is a right triangle."
23  else:                          #钝角三角形
24  print "The triangle is an obtuse triangle."
25  if a == b == c:                #等边三角形
26  print "The triangle is an equilateral triangle."
27  elif a == b or b == c:         #等腰三角形
28  print "The triangle is an isosceles triangle."
29  else:                          #如果不构成三角形
30  print "Not a triangle."
```

【输出结果】

```
Please input a:6
Please input b:6
Please input c:6
The triangle's area is 15.5884572681
The triangle is an acute triangle.
The triangle is an equilateral triangle.
```

程序第 3～5 行接收用户输入。第 7～12 行将 3 条边 a、b、c 按照升序排序。第 14～30 行进入最外层的选择结构，判断如果最短的两边之和（a+b）是否大于最长边（a）。如果是，进入内层语句块；否则输出构不成三角形的信息（第 30 行）。在内层语句块中，第 14～16 行利用海伦公式计算三角形面积并输出。第 18 行利用余弦公式计算最大角 A 的余弦值。第 19～24 行的第一个内层 if 语句根据 cosA 值输出三角形属于锐角三角形（第 20 行）、直角三角形（第 22 行）还是钝角三角形（第 24 行）。第 25～28 行的第二个内层 if 语句判断输出三角形是否属于等边三角形（第 26 行）或等腰三角形（第 29 行）。如果三角形既不是等腰三角形也不是等边三角形，则不输出信息（第二个内层 if 语句无 else 子句）。

4.2 实例：使用选择结构进行程序设计

本节将介绍两个使用选择结构的程序实例，以加深对选择结构和 if 语句的认识。

4.2.1 鉴别合法日期

本小节将使用选择结构来判断用户输入的日期是否为合法日期。用户将输入年、月、日 3 个整数，程序输出该日期是否合法。为了简化问题，假定程序只认定公元 1 年及之后的年份合法。

在这一问题中，需要特别注意的是闰年问题。要注意闰年 2 月和平年 2 月的天数是不同的。如果一个年份能被 4 整除但不能被 100 整除，或能被 400 整除，则该年为闰年。因此可以使用下面的布尔表达式来判断这一年是否为闰年。

```
(year % 4 == 0 and year % 100 != 0) or (year%400 == 0)
```

代码清单 4-5 展示了判断日期是否合法的程序。。

代码清单 4-5

```
1  #接收用户输入年月日
2  year = int(raw_input("Please input the year:"))
3  month = int(raw_input("Please input the month:"))
4  day = int(raw_input("Please input the day:"))
5  if year > 0:                #年份合法
6  if month in {1, 3, 5, 7, 8, 10, 12}:
7  if 1 <= day <= 31:          #31 天月份的日期合法
8  print "Valid date."
9  else:
10 print "Invalid day."
11  elif month in {4, 6, 9, 11}:
12 if 1 <= day <= 30:          #30 天月份的日期合法
13  print "Valid date."
14  else:
15 print "Invalid day."
16 elif month == 2:
17 if (year % 4 == 0 and year % 100 != 0) or (year % 400 == 0):
18 if 1 <= day <= 29:          #闰年 2 月的日期合法
19 print "Valid date."
20 else:
21 print "Invalid day."
22 else:
23 if 1 <= day <= 28:          #平年 2 月的日期合法
24 print "Valid date."
25 else:
26 print "Invalid day."
27 else:                       #月份不合法
28 print "Invalid month."
29 else:                       #年份不合法
30 print "Invalid year."
```

【输出结果】

```
Please input the year:1900
Please input the month:2
Please input the day:29
Invalid day.
```

程序第 2～4 行用于接收用户输入。程序首先判断变量 year 是否合法（大于 0），若不合法则输出信息（第 29～30 行）。若年份合法则检查变量 month，若月份为 1 月、3 月、5 月、7 月、8 月、10 月或 12 月（第 6 行），则 day 的范围应该在 1～31 之间（第 7～10 行）；若月份为 4 月、6 月、9 月或 11 月（第 11 行），则 day 的范围应该在 1～30 之间（第 12～15 行）；若月份为 2 月（第 16 行），则根据年份是否为闰年（第 17 行）来决定 day 的范围为 1～29 之间或 1～28 之间；若 month 的范围不在以上几个范围中，则输出月份非法信息（第 27～28 行）。

程序第 6 行和第 11 行采用了成员运算符 in 来判断 month 的范围。运算符后使用大括号括起来的几个数字构成一个集合。有关集合的概念将在本书第 5 章中进行介绍。第 11 行中的表达式等价于下面的表达式。

```
month == 4 or month == 6 or month == 9 or month == 11
```

4.2.2 判断两个圆的位置关系

在游戏编程中，经常需要检测两个图形之间的关系。本小节将给出判断平面内两个圆位置关系的程序。用户需要输入两个圆的圆心坐标及半径，程序输出一行表明两圆关系的语句。

在中学数学课上已经知道，平面内两个圆之间有 5 种位置关系，即外离、外切、相交、内切、内含。再加上重合，一共 6 种位置关系。设两圆半径分别为 R 和 r（R≥r），两圆圆心距为 d，则两圆位置关系的判定条件如表 4-2 所示。

表 4-2 两圆位置关系的判定条件

位置关系	判定条件	图示
外离	$d>R+r$	
外切	$d=R+r$	
相交	$R-r<d<R+r$	
内切	$d=R-r\ (R\neq r)$	
内含	$d<R-r$	
重合	$d=0$ 且 $R=r$	

圆心距 d 可以由两圆圆心坐标计算得出，计算公式为$d=\sqrt{(x_2-x_1)^2+(y_2-y_1)^2}$。可以将其直接翻译成 Python 表达式，也可以调用 math 模块的 hypot 函数实现。代码清单 4-6 给出了这段程序。

代码清单 4-6

```
1   import math
2   #接收用户输入两圆的圆心位置和半径
3   x1, y1 = eval(raw_input("Input the center of the first circle x,y:"))
4   r1 = float(raw_input("Input the radius of the first circle:"))
5   x2, y2 = eval(raw_input("Input the center of the second circle x,y:"))
6   r2 = float(raw_input("Input the radius of the second circle:"))
7   d = math.hypot(x1 - x2, y1 - y2      #求圆心距
8   if d < abs(r1 - r2):
9   print "Internal circles."             #内含
10  elif d == abs(r1 - r2):
11  if r1 == r2:
12  print "Coincided circles."            #重合
13  else:
14  print "Internally tangent circles."   #内切
15  elif d < r1 + r2:
16  print "Secant circles."               #相交
17  elif d == r1 + r2:
18  print "Externally tangent circles."   #外切
19  else:
20  print "External circles."             #外离
```

【输出结果】

```
Input the center of the first circle x,y:0,0
Input the radius of the first circle:150
Input the center of the second circle x,y:60,80
Input the radius of the second circle:50
Internally tangent circles.
```

程序第 3～6 行接收用户输入两个圆的圆心坐标和半径。第 7 行计算圆心距 d。第 8～20 行为程序的主体部分，判断两个圆的位置关系并输出相应信息。

还可以将程序中描述的图形绘制出来，更加直观地验证这一程序。Python 标准库提供的 turtle 模块可以进行简单图形绘制。当然，这一模块的学习不是强制性的，读者可以选择跳过或者以后再进行学习。

turtle 模块可以理解成模拟一只海龟在屏幕上移动，并将移动的轨迹选择性地打印在屏幕上。使用 turtle 模块将创建一个窗口，窗口暗含一个平面直角坐标系，窗口中心为坐标原点，向右为 x 轴正方向，向上为 y 轴正方向。

窗口将显示一个箭头代表画笔（海龟），初始情况下位于屏幕中心（即坐标系原点）并朝右。画笔有两种状态，即放下的和拿起的，可以使用 turtle.pendown()函数和 turtle.penup()

函数进行切换。默认情况下画笔是放下的。当画笔处于放下的状态时，调用一些函数可以移动画笔并绘制其移动轨迹；当画笔处于拿起的状态时，则仅移动画笔而不绘制轨迹。

turtle 模块的部分函数如表 4-3 所示。要查看该模块的所有函数，请参考 Python 官方文档。

表 4-3　turtle 模块的部分函数

函数原型	描述
turtle.penup()	设置画笔状态为拿起的
turtle.pendown()	设置画笔状态为放下的
turtle.forward(distance)	将画笔向前移动 distance 像素
turtle.backward(distance)	将画笔向后移动 distance 像素
turtle.right(angle)	将画笔向右旋转 angle 度
turtle.left(angle)	将画笔向左旋转 angle 度
turtle.goto(x, y)	将画笔直线移动到(x,y)坐标处
turtle.setheading(to_angle)	设置画笔角度为 to_angle
turtle.circle(radius)	以当前画笔方向为切线方向，以 radius 为半径画圆
turtle.dot(size=None, *color)	在画笔位置绘制一个点，两个可选参数用来设置点的大小和颜色
turtle.write(arg)	打印信息
turtle.done()	结束绘制

代码清单 4-7 使用 turtle 模块将该程序结果直观地绘制了出来。执行该程序可以通过绘制的图形及输出信息来检验改程序是否正确。

代码清单 4-7

```
1   import math
2   import turtle
3   #接收用户输入两圆的圆心位置和半径
4   x1, y1 = eval(raw_input("Input the center of the first circle x,y:"))
5   r1 = int(raw_input("Input the radius of the first circle:"))
6   x2, y2 = eval(raw_input("Input the center of the second circle x,y:"))
7   r2 = int(raw_input("Input the radius of the second circle:"))
8   d = math.hypot(x1 - x2, y1 - y2)            #求圆心距
9   #绘制第一个圆
10  turtle.penup()
11  turtle.goto(x1, y1 - r1)
12  turtle.pendown()
13  turtle.circle(r1)
14  #绘制第二个圆
15  turtle.penup()
16  turtle.goto(x2, y2 - r2)
17  turtle.pendown()
18  turtle.circle(r2)
```

```
19 #准备绘制文字说明
20 turtle.penup()
21 turtle.goto((x1 + x2) / 2 - 70, min(y1 - r1, y2 - r2) - 20)
22 turtle.pendown()
23 #选择结构来输出文字说明
24 if d < abs(r1 - r2):
25 turtle.write("Internal circles.")                #内含
26 elif d == abs(r1 - r2):
27 if r1 == r2:
28 turtle.write("Coincided circles.")               #重合
29 else:
30 turtle.write("Internally tangent circles.")      #内切
31 elif d < r1 + r2:
32 turtle.write("Secant circles.")                  #相交
33 elif d == r1 + r2:
34 turtle.write("Externally tangent circles.")      #外切
35 else:
36 turtle.write("External circles.")                #外离
37 turtle.hideturtle()
38 turtle.done()
```

【输出结果】

```
Input the center of the first circle x,y:0,0
Input the radius of the first circle:150
Input the center of the second circle x,y:60,80
Input the radius of the second circle:50
```

程序绘制结果如图 4-4 所示。

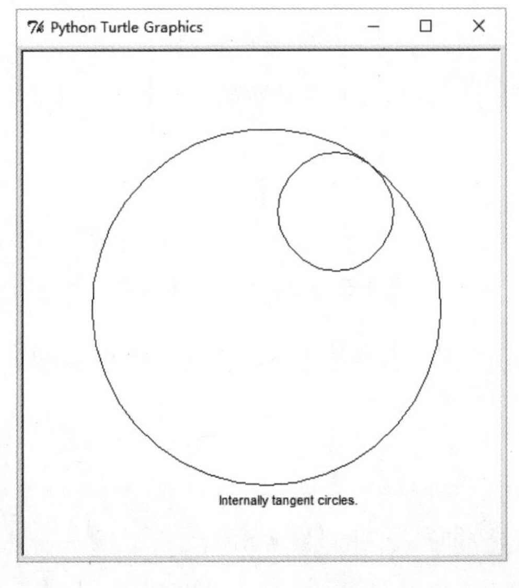

图 4-4　程序绘制结果

4.3 循环结构

假设需要程序执行一些重复的行为，例如打印出 1～1000 之间的所有整数，那么写 1000 行 print 语句将是一个非常乏味的过程。因此，编程语言提供了循环的概念。在循环结构中，程序将重复执行某一过程，直至满足某些特定条件。

循环结构是控制一个语句块重复执行的结构。Python 共有两种类型的循环语句：while 循环和 for 循环。while 循环是一种条件控制循环，它通过某个条件的真与假来控制；而 for 循环是一种计数器控制循环，它会将循环内的语句块重复执行特定的次数。

4.3.1 while 循环

在 Python 中，while 循环的语法格式如下。

```
while 表达式:
    语句块
```

其中，while 为关键字，后边的表达式将返回一个布尔值或能转换为布尔值的对象。程序首先计算该表达式的值，如果表达式返回 True，则执行语句块，然后程序跳转回 while 语句的第一行重新计算表达式的值，直到表达式返回 False 时跳出 while 循环，执行后面的语句。语句体每执行一次被称为这个循环的一次迭代。图 4-5 显示了 while 语句的流程图。

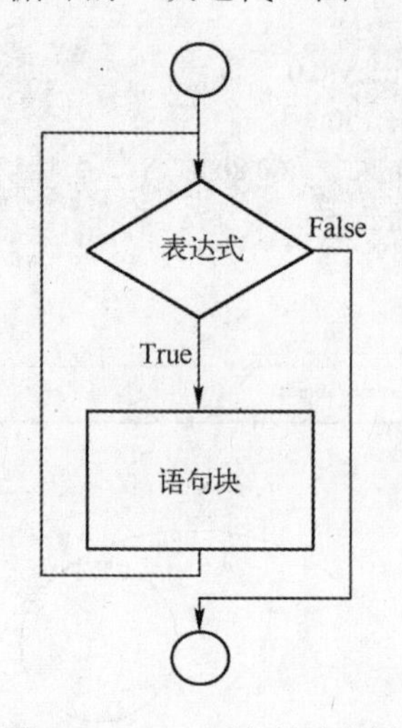

图 4-5 while 语句的流程图

要使用 while 循环实现本节一开始所说的打印 1～1000 之间所有整数的程序，只需要下面代码清单 4-8 的 4 行代码即可。

代码清单 4-8

```
1    number = 1
2    while number <= 1000:        #循环继续条件
3    print number
4    number += 1
```

程序第 1 行初始化变量 number 的值为 1。第 2～4 行开始 while 循环，当 number 变量小于等于 1000 时重复执行语句块。循环的一次迭代为先打印 number 的值，然后使其自增 1。程序将迭代 1000 次然后跳出循环，结束程序。

需要注意，while 循环中的语句块同样要比 while 关键字一行缩进若干字符长度。假设上面的程序中第 4 行没有缩进，那么这个循环将是一个死循环，程序会一直打印整数 1。

在编写 while 循环时，需要确保这个循环会在执行有限次迭代后停止。否则程序将进入一个死循环，将不会自动结束运行，并且循环后面的语句也将不会执行。

回顾代码清单 4-4，它让用户输入三角形的 3 条边长来判断三角形的类型。现在学习了 while 循环，可以改进这个程序，如果用户输入的 3 条边长无法构成三角形，则提醒用户重新输入，直到可以构成三角形为止，如代码清单 4-9 所示。

代码清单 4-9

```
1   import math
2   #接收用户输入三角形的 3 条边长
3   a = float(raw_input("Please input a:"))
4   b = float(raw_input("Please input b:"))
5   c = float(raw_input("Please input c:"))
6   #按 a、b、c 升序排列 3 条边长
7   if a < c:
8   a, c = c, a
9   if a < b:
10   a, b = b, a
11  if b < c:
12   b, c = c, b
13  #循环结构保证构成三角形
14  while b + c <= a:          #构不成三角形
15  print "Not a triangle. Try again."
16  #重新输入 3 条边长边并按 a、b、c 升序排列 3 条边长
17   a = float(raw_input("Please input a:"))
18  b = float(raw_input("Please input b:"))
19  c = float(raw_input("Please input c:"))
20  if a < c:
21  a, c = c, a
22  if a < b:
23  a, b = b, a
24  if b < c:
25  b, c = c, b
26  s = (a + b + c) / 2.0
27  area = math.sqrt(s * (s - a) * (s - b) * (s - c))
28  print "The triangle's area is", area
29  #计算最大内角的余弦值
30  cosA = (b * b + c * c - a * a) / 2.0 / b / c
31  if cosA > 0.0:             #锐角三角形
32  print "The triangle is an acute triangle."
33  elif cosA == 0.0:          #直角三角形
```

```
34    print "The triangle is a right triangle."
35    else:                         #钝角三角形
36    print "The triangle is an obtuse triangle."
37    if a == b == c:               #等边三角形
38    print "The triangle is an equilateral triangle."
39    elif a == b or b == c:        #等腰三角形
40    print "The triangle is an isosceles triangle."
```

【输出结果】

```
Please input a:1
Please input b:2
Please input c:5
Not a triangle. Try again.
Please input a:6
Please input b:6
Please input c:7
The triangle's area is 17.0568901034
The triangle is an acute triangle.
The triangle is an isosceles triangle.
```

4.3.2 for 循环

在使用循环结构时，经常会控制一个循环体执行若干次。这种使用一个控制变量统计执行次数的循环被称为计数器控制的循环。使用 while 循环时程序大致被设计为如下所示。

```
i = initialValue
while i < endValue:
语句块
i += 1
```

此时，while 循环将会执行 endValue–initialValue 次迭代。可以使用 for 循环来简化上面的循环。for 循环的语法格式如下。

```
for 变量 in 序列:
    语句块
```

序列中一般以某种方式存储多个对象。在 Python 中，字符串、列表、元组和集合等都属于序列型的对象。现在，可以使用内置函数 range 来产生一个列表。

range 函数的原型为 range(start, stop[, step])，参数必须是整数类型。使用两个参数可以创建一个(start,end)区间内的连续整数的列表。如果指定第三个参数，则创建该区间内的一个公差为 step 的等差数列列表。

因此，上面的 while 循环可以被下面的 for 循环代替，如下所示。

```
for i in range(initialValue, endValue):
```

```
    语句块
```

字符串也是一种序列型对象。假设要统计用户输入的一段字符串中某个字符的数量，也可以通过 for 循环实现，如代码清单 4-10 所示。

代码清单 4-10

```
1    str = raw_input("Please input a sentence:")
2    count = 0
3    for ch in str:        #遍历每个字符
4        if ch == ' ':
5            count += 1    #如果字符为空格，计数器加 1
6    print "The sentence has", count, "space(s)."
```

【输出结果】

```
Please input a sentence:I love learning Python.
The sentence has 3 space(s).
```

4.3.3 break 语句与 continue 语句

在循环体中使用 break 语句与 continue 语句，可以为循环结构提供额外的控制。

break 语句只包含一个关键字 break，且只能出现在 while 循环或 for 循环中。当程序执行到 break 语句时，将跳出整个循环结构而继续执行后面的语句。

例如，某系统在用户登录时要求用户在三次以内输入正确密码，否则禁止用户登入。代码清单 4-11 使用 break 语句展示了这一程序。

代码清单 4-11

```
1    PASSWORD = "12345678"
2    flag = False
3    for i in range(1, 4):
4        pwd = raw_input("Please input the password:")
5        if pwd == PASSWORD:       #如果密码正确
6            flag = True           #设置 flag 变量
7            break                 #结束输入密码的循环
8        print "Password is not correct,Try Again."
9    if flag:
10       print "You just logged in."
11   else:
12       print "You failed to log in."
```

【输出结果】

```
Please input the password:123
Password is not correct, Try Again.
Please input the password:12345678
You just logged in.
```

程序在第 3～8 行的 for 循环中实现输入三次密码并判断是否输入正确的过程。如果用户输入正确则改变 flag 变量的值并跳出 for 循环，否则打印错误信息并准备开始下一次迭代。在 for 循环结束后，程序通过检测 flag 变量的值来判断密码是否被正确输入，并打印对应提示信息（第 9～12 行）。

continue 语句只包含一个关键字 continue，同样也只能出现在 while 循环或 for 循环中。当程序执行到 continue 语句时，将立即终止当前迭代，而开始下一次迭代。

代码清单 4-12 展示了在循环中使用 continue 语句的效果，用来计算 1～100 范围内不是 7 的倍数的所有整数的和。

代码清单 4-12

```
1    sum = 0
2    for num in range(1, 101):
3    if num % 7 == 0:          #如果数字是 7 的倍数
4    continue                  #跳过该数，进行下一次迭代
5    sum += num                #如果该数没有被跳过，则加到总和中
6    print "The sum is", sum
```

【输出结果】

```
The sum is 4315
```

程序的主体是一个 1～100 的 for 循环，若 num 变量为 7 的倍数时（第 3 行），程序执行到 continue 语句，此时程序将跳过第 5 行的累加操作，而重新执行下一次迭代。

合理使用 break 语句和 continue 语句能使得程序变得简单且容易理解。但是使用过多的 break 与 continue 语句会使循环有太多退出点而导致很难读懂，因此应该谨慎使用。

4.3.4 循环结构的嵌套

与选择结构相同，循环结构也可以进行嵌套。在嵌套的循环结构中，当外层循环进入下一次迭代时，内层循环将重新初始化并重新开始。使用嵌套的循环结构时同样要注意代码的缩进问题，否则也会导致代码的逻辑发生变化。另外，当 break 语句和 continue 语句出现在嵌套的循环结构中时，将只作用于最内层循环。

代码清单 4-13 是一个使用嵌套 for 循环来打印乘法口诀表的程序。

代码清单 4-13

```
1    print "Multiplication Table"
2    for i in range(1, 10):    #外层循环，每次迭代输出一行
3    for j in range(1, i + 1): #内层循环，每次迭代输出一个式子
4    print i, "*", j, "=", i * j, "\t",
5    print ""
```

【输出结果】

```
Multiplication Table
1 * 1 = 1
```

```
        2 * 1 = 2      2 * 2 = 4
        3 * 1 = 3      3 * 2 = 6      3 * 3 = 9
        4 * 1 = 4      4 * 2 = 8      4 * 3 = 12     4 * 4 = 16
        5 * 1 = 5      5 * 2 = 10     5 * 3 = 15     5 * 4 = 20     5 * 5 = 25
        6 * 1 = 6      6 * 2 = 12     6 * 3 = 18     6 * 4 = 24     6 * 5 = 30     6 * 6 = 36
        7 * 1 = 7      7 * 2 = 14     7 * 3 = 21     7 * 4 = 28     7 * 5 = 35     7 * 6 = 42     7 * 7 = 49
        8 * 1 = 8      8 * 2 = 16     8 * 3 = 24     8 * 4 = 32     8 * 5 = 40     8 * 6 = 48     8 * 7 = 56
8 * 8 = 64
        9 * 1 = 9      9 * 2 = 18     9 * 3 = 27     9 * 4 = 36     9 * 5 = 45     9 * 6 = 54     9 * 7 = 63
9 * 8 = 72      9 * 9 = 81
```

程序第 1 行输出标题。第 2～5 行为外层循环，外层循环的一次迭代就要打印一行的信息。第 3～4 行为内层循环，内层循环的每一次迭代用来打印一个乘法式。第 5 行的作用是在打印完一行后换行。

需要注意的是，循环嵌套所进行的指令数量是乘法上升的，这也意味着计算机运行该程序的时间也是乘法上升的。在上面的程序中，假设输出一个乘法式需要消耗 1 单位时间，则该程序需要执行(1+9)×9/2=45 单位时间。当每层循环需要迭代的次数增大时，嵌套循环所消耗的时间会显著增大。

4.4 实例：使用循环结构进行程序设计

4.4.1 计算质数

在小学数学中就已经学过，如果一个正整数（1 除外）只能被 1 和它本身整除，那么这个数就是质数，又称素数。例如，2、3、5 都是质数，而 4、6、8 都不是。

本例的任务是要打印出 100 以内的所有质数，每行显示 10 个，并显示所有质数的数量。显然，需要一个循环来对每个数进行检测，如果满足条件则该数为质数。对每一个数的检测过程又需要一个循环来检测该数有没有除 1 和自身以外的因数。因此，程序需要两层循环来实现。

由数学知识可知，为了判断一个数 number 是否为质数，需要检测这个数能否被 $2,3,4,\cdots,\left\lfloor\sqrt{\text{number}}\right\rfloor$ 的其中一个数整除。如果能，那么这个数就不是质数，否则就是质数。

代码清单 4-14 给出了完整的程序。

代码清单 4-14

```
1   import math
2   MAX_NUM = 100
3   count = 0
4   print "The prime numbers in [1,100] are"
5   for number in range(2, MAX_NUM):      #外层循环每次迭代为一个待检测的数
6    isPrime = True
7   #内层循环检测一个数是否为质数
8    for divisor in range(2, int(math.floor(math.sqrt(number))) + 1):
```

```
9   if number % divisor == 0:     #能够被 1 和自身以外的数整除
10  isPrime = False
11  break
12  if isPrime:                   #如果该数为质数
13  count += 1
14  print number, "\t",           #打印该数
15  if count % 10 == 0:           #每 10 个数换行打印
16  print ""
```

【输出结果】

```
The prime numbers in [1,100] are
2   3   5   7   11  13  17  19  23  29
31  37  41  43  47  53  59  61  67  71
73  79  83  89  97
```

程序的主体部分（第 5～16 行）为两层 for 循环的嵌套。外层循环遍历 100 以内的数字，内层循环用来检查某个数是否为质数，并用布尔型变量 isPrime 记录。如果该数为质数，则打印该数。同时使用变量 count 统计质数的个数，当个数为 10 的倍数时，控制输出换行（第 15～16 行）。

实际上，该算法并不是求某个范围内质数时最快速的算法。在学习了有关列表的知识后，将对该算法进行优化。

4.4.2 计算 π 的近似值

在数学中，圆周率 π 是一个非常重要的常数。通过计算机编程，可以快速地计算圆周率的近似值。本小节将展示两种计算方法。

1. 级数估计法

由微积分中有关级数的知识可以推导出的式子如下。

$$\frac{\pi}{4}=\arctan(1)=1-\frac{1}{3}+\frac{1}{5}+\frac{1}{7}+\frac{1}{9}-\frac{1}{11}+\cdots+\frac{(-1)^{i+1}}{2i-1}$$

当 $i\rightarrow\infty$ 时，这一级数将趋近于 π/4。在程序设计中，无法实现模拟无限项的和，因此只能通过使 i 足够大来求得一个近似值。i 值越大，所得的值越精确。完整的程序如代码清单 4-15 所示。

代码清单 4-15

```
1  import math
2  #输出 math 模块定义的 pi 常量
3  print "PI given by math.PI is", math.pi
4  MAX_NUMBER = 100000
5  ans = 0.0
6  for i in range(1, MAX_NUMBER, 2):          #i 表示每一项的分母
7  i *= 1 if (i - 1) % 4 == 0 else -1   #项前符号计算
8  ans += 1.0 / i                              #每次迭代计算级数的一项并加到结果中
9  print "PI estimated by Series is", ans * 4
```

【输出结果】

```
PI given by math.PI is 3.14159265359
PI estimated by Series is 3.14157265359
```

2. 蒙特卡罗模拟

蒙特卡罗模拟使用随机数来帮助解决问题，在各个方面都有非常广泛的应用。使用蒙特卡罗模拟也可以用来估计某些图形的面积。

例如，在一个平面直角坐标系中有一个封闭图形，就可以使用蒙特卡罗模拟来估计该图形的面积：找到该图形的外接矩形，并向该矩形中随机地选取 n 个点，最后计算在该图形内部的点的数量为 m，公式如下。

$$\frac{m}{n} \approx \frac{\text{待求图形面积}}{\text{矩形面积}}$$

当该图形为圆时，就可以先通过蒙特卡罗模拟估计圆的面积，再根据圆的面积公式计算圆周率的值。假设圆半径为 1，圆心位于坐标原点，其外接正方形面积为 4，可以推导出 $\pi \approx \frac{4m}{n}$。完整的程序如代码清单 4-16 所示。

代码清单 4-16

```
1   import math
2   import random
3   #输出 math 模块定义的 pi 常量
4   print "PI given by math.PI is", math.pi
5   NUMBER_OF_TRIALS = 1000000
6   hit = 0
7   for i in range(0, NUMBER_OF_TRIALS):          #每次迭代为一个点的随机选取
8   x = random.uniform(-1.0, 1.0)                 #随机产生横坐标
9   y = random.uniform(-1.0, 1.0)                 #随机产生纵坐标
10  if x * x + y * y <= 1.0:                      #如果点在圆内
11  hit += 1                                      #增加计数器的值
12  print "PI estimated by Monte Carlo simulation is",\
13      float(hit) / NUMBER_OF_TRIALS * 4
```

【输出结果】

```
PI given by math.PI is 3.14159265359
PI estimated by Monte Carlo simulation is 3.141924
```

程序的第 8～9 行在正方形范围内产生随机点(x,y)，如果 $x^2+y^2 \leqslant 1$，那么这个点就在圆内。最终根据上面的式子推导出 π 的估计值。

习题

一、简述题

1．简述三种基本控制结构的作用。

2．while 循环和 for 循环有哪些区别？

3．举例说明 break 语句和 continue 语句的作用。

二、实践题

1．编写一个程序随机产生两个 100 以内的正整数，然后提示用户输入这两个整数的和。如果用户输入的答案正确，程序提示用户计算正确；否则提示计算错误。

2．平面上有两条线段 a 和 b，线段 a 的两端点坐标为(x1, y1)和(x2, y2)，线段 b 的两端点坐标为(x3, y3)和(x4, y4)。设计程序提示用户输入这四个点的坐标，判断两线段是否有交点并输出结果。

3．编写程序，提示用户输入正整数 n，然后计算下面式子的和。

$$\frac{1}{1+\sqrt{2}}+\frac{1}{\sqrt{2}+\sqrt{3}}+\frac{1}{\sqrt{3}+\sqrt{4}}+\cdots+\frac{1}{\sqrt{n-1}+\sqrt{n}}$$

4．编写程序，指定用户输入一个大于 1 的正整数 n，将 n 分解为质因数并升序输出。例如：如果用户输入整数 120，则程序应输出 2, 2, 2, 3, 5。

第5章　函　　数

本章首先介绍 Python 这门语言对于函数的定义；引出函数的调用，包括按值传递参数、按关系传递参数、匿名函数及关于 return 的语句；最后讲述了变量的作用域。

5.1　函数的定义

在 Python 中，定义一个函数要使用 def 语句，依次写出函数名、括号、括号中的参数和冒号“:”，然后在缩进块中编写函数体，函数的返回值用 return 语句返回。

下面以自定义一个求绝对值的 my_abs 函数为例，如代码清单 5-1 所示。

代码清单 5-1

```
1    def my_abs(x):
2        if x >= 0:
3            return x
4        else:
5            return -x
6    print my_abs(1)
7    print my_abs(-1)
```

读者可以自行测试并调用 my_abs，看看返回结果是否正确。

请注意，函数体内部的语句在执行时，一旦执行到 return，函数就执行完毕，并将结果返回。因此，函数内部通过条件判断和循环可以实现非常复杂的逻辑。

如果没有 return 语句，函数执行完毕后也会返回结果，只是结果为 None。另外 return None 可以简写为 return。

5.1.1　空函数

如果想定义一个什么工作也不做的空函数，可以用 pass 语句，如代码清单 5-2 所示。

代码清单 5-2

```
1    def nop():
2        pass
```

pass 语句什么都不做，那它有什么用呢？实际上 pass 可以用来作为占位符，比如现在还没想好怎么写函数的代码，就可以先放一个 pass，让代码能运行起来。

pass 还可以用在其他语句中，如代码清单 5-3 所示。

代码清单 5-3

```
1    def my_abs(x):
```

```
2        if x >= 0:
3            return x
4        else:
5            pass
6    print my_abs(1)
7    print my_abs(-1)
```

缺少了 pass，代码运行时就会报语法错误。

5.1.2　参数检查

调用函数时，如果参数个数不对，Python 解释器会自动检查出来，并抛出 TypeError，如代码清单 5-4 所示。

代码清单 5-4

```
1    >>> my_abs(1, 2)
2    Traceback (most recent call last):
3      File "<stdin>", line 1, in <module>
4    TypeError: my_abs() takes exactly 1 argument (2 given)
```

但是如果参数类型不对，Python 解释器就无法检查出来。试试 my_abs 和内置函数 abs 的差别，如代码清单 5-5 所示。

代码清单 5-5

```
1    >>> my_abs('A')
2    'A'
3    >>> abs('A')
4    Traceback (most recent call last):
5      File "<stdin>", line 1, in <module>
6    TypeError: bad operand type for abs(): 'str'
```

当传入了不恰当的参数时，内置函数 abs 会检查出参数错误，而自己定义的 my_abs 没有参数检查，所以，这个函数定义不够完善。

下面来修改一下 my_abs 的定义，对参数类型做检查，只允许整数和浮点数类型的参数。数据类型检查可以用内置函数 isinstance 实现，如代码清单 5-6 所示。

代码清单 5-6

```
1    def my_abs(x):
2        if not isinstance(x,(int,float)):
3            raise TypeError('bad operand type')
4        if x >= 0:
5            return x
6        else:
7            return -x
```

添加了参数检查后，如果传入错误的参数类型，函数就可以抛出一个错误，如代码清单 5-7 所示。

代码清单 5-7

```
1    >>> my_abs('A')
2    Traceback (most recent call last):
3      File "<stdin>", line 1, in <module>
4      File "<stdin>", line 3, in my_abs
5    TypeError: bad operand type
```

错误和异常处理将在后续章节中讲到。

5.1.3 返回多个值

函数可以返回多个值吗？答案是肯定的。

在游戏中经常需要从一个点移动到另一个点，给出坐标、位移和角度，就可以计算出新的坐标，如代码清单 5-8 所示。

代码清单 5-8

```
1    import math
2    def move(x, y, step, angle=0):
3        nx = x + step * math.cos(angle)
4        ny = y - step * math.sin(angle)
5        return nx, ny
```

这样就可以同时获得返回值。

```
1    >>> x, y = move(100, 100, 60, math.pi / 6)
2    >>> print x, y
3    151.961524227 70.0
```

但其实这只是一种假象，Python 函数返回的仍然是单一值。

```
1    >>> r = move(100, 100, 60, math.pi / 6)
2    >>> print r
3    (151.96152422706632, 70.0)
```

原来返回值是一个 tuple（tuple 是 Python 的基本数据类型之一，可以将不同类型的数据分成为单一对象）但是，在语法上，返回一个 tuple 可以省略括号，而多个变量可以同时接收一个 tuple，按位置赋给对应的值，所以，Python 的函数返回多值其实就是返回一个 tuple，但写起来更方便。

5.2 函数调用

定义一个函数只给了函数一个名称，指定了函数里包含的参数和代码块结构。这个函数的基本结构完成以后，可以通过另一个函数调用执行，也可以直接从 Python 提示符执行。下面的实例调用了 printme()函数，如代码清单 5-9 所示。

代码清单 5-9

```
1	#!/usr/bin/python
2	#Function definition is here
3	def printme( str ):
4	    "打印任何传入的字符串"
5	    print str;
6	    return;
7	#Now you can call printme function
8	printme("我要调用用户自定义函数!");
9	printme("再次调用同一函数");
10	#以上实例输出结果:
11	#我要调用用户自定义函数!
12	#再次调用同一函数
```

5.2.1 按值传递参数和按引用传递参数

所有参数（自变量）在 Python 中都是按引用传递的。如果在函数中修改了参数，那么在调用这个函数的函数里，原始的参数也被改变了，如代码清单 5-10 所示。

代码清单 5-10

```
1	#!/usr/bin/python
2	#可写函数说明
3	def changeme( mylist ):
4	    "修改传入的列表"
5	    mylist.append([1,2,3,4]);
6	    print "函数内取值: ", mylist
7	    return
8	#调用 changeme 函数
9	mylist = [10,20,30];
10	changeme( mylist );
11	print "函数外取值: ", mylist
12	#传入函数的和在末尾添加新内容的对象用的是同一个引用。故输出结果如下。
13	#函数内取值:  [10, 20, 30, [1, 2, 3, 4]]
14	#函数外取值:  [10, 20, 30, [1, 2, 3, 4]]
```

5.2.2 函数的参数

Python 函数可以使用的参数类型如下。

- 必备参数。
- 命名参数。
- 默认参数。
- 不定长参数。

1. 必备参数

必备参数为须以正确的顺序传入函数，调用时的数量必须和声明时的一样。调用

printme()函数，必须传入一个参数，否则会出现语法错误，如代码清单 5-11 所示。

代码清单 5-11

```
1    #!/usr/bin/python
2    #可写函数说明
3    def printme( str ):
4        "打印任何传入的字符串"
5        print str;
6        return;
7    #调用 printme 函数
8    printme();
9    #以上实例输出结果：
10   #Traceback (most recent call last):
11   #File "test.py", line 11, in <module>
12   #      printme();
13   #TypeError: printme() takes exactly 1 argument (0 given)
```

2. 命名参数

命名参数和函数调用关系紧密，调用方用参数的命名确定传入的参数值。可以跳过不传的参数或者乱序传参，因为 Python 解释器能够用参数名匹配参数值。用命名参数调用 printme()函数，如代码清单 5-12 所示。

代码清单 5-12

```
1    #!/usr/bin/python
2    #可写函数说明
3    def printme( str ):
4        "打印任何传入的字符串"
5        print str;
6        return;
7    #调用 printme 函数
8    printme( str = "My string");
9    #以上实例输出结果：
10   #My string
```

通过下例可以更清楚地了解到命名参数顺序并不重要，如代码清单 5-13 所示。

代码清单 5-13

```
1    #!/usr/bin/python
2    #可写函数说明
3    def printinfo( name, age ):
4        "打印任何传入的字符串"
5        print "Name: ", name;
6        print "Age ", age;
7        return;
8    #调用 printinfo 函数
9    printinfo( age=50, name="miki" );
```

```
10    #以上实例输出结果：
11    #Name:   miki
12    #Age   50
```

3. 默认参数

调用函数时，默认参数的值如果没有传入，则被认为是默认值。下例中如果 age 没有被传入，则会打印默认的 age，如代码清单 5-14 所示。

代码清单 5-14

```
1    #!/usr/bin/python
2    #可写函数说明
3    def printinfo( name, age = 35 ):
4        "打印任何传入的字符串"
5        print "Name: ", name;
6        print "Age ", age;
7        return;
8    #调用 printinfo 函数
9    printinfo( age=50, name="miki" );
10   printinfo( name="miki" );
11   #以上实例输出结果：
12   #Name:   miki
13   #Age   50
14   #Name:   miki
15   #Age   35
```

4. 不定长参数

有时可能需要一个函数能处理比当初声明时更多的参数。这些参数称为不定长参数，与上述两种参数不同，它在声明时不会命名。基本语法如代码清单 5-15 所示。

代码清单 5-15

```
1    def functionname([formal_args,] *var_args_tuple ):
2        "函数_文档字符串"
3        function_suite
4        return [expression]
```

加了星号（*）的变量名会存放所有未命名的变量参数，也可选择不多传参数，如代码清单 5-16 所示。

代码清单 5-16

```
1    #!/usr/bin/python
2    #可写函数说明
3    def printinfo( arg1, *vartuple ):
4        "打印任何传入的参数"
5        print "输出："
6        print arg1
```

```
7           for var in vartuple:
8               print var
9           return;
10      #调用 printinfo  函数
11      printinfo( 10 );
12      printinfo( 70, 60, 50 );
13      #以上实例输出结果:
14      #输出:
15      #10
16      #输出:
17      #70
18      #60
19      #50
```

5.2.3 匿名函数

用 lambda 关键词能创建小型匿名函数。这种函数得名于省略了用 def 声明函数的标准步骤。

lambda 函数能接收任何数量的参数，但只能返回一个表达式的值，同时只能处理输出的内容不可包含命令或多个表达式。匿名函数不能直接调用 print，因为 lambda 需要一个表达式。lambda 函数拥有自己的名称空间，且不能访问自有参数列表之外或全局名称空间里的参数。

虽然 lambda 函数看起来只能写一行，却不等同于 C 或 C++的内联函数，后者的目的是调用小函数时不占用栈内存从而提高运行效率。

lambda 函数的语法只包含一个语句，如代码清单 5-17 所示。

代码清单 5-17

```
lambda [arg1 [,arg2,... argn]]:expression
```

lambda 的使用可参考以下实例。

```
1       #!/usr/bin/python
2       #可写函数说明
3       sum = lambda arg1, arg2: arg1 + arg2;
4       #调用 sum 函数
5       print "Value of total : ", sum( 10, 20 )
6       print "Value of total : ", sum( 20, 20 )
7       #以上实例输出结果:
8       #Value of total :   30
9       #Value of total :   40
```

5.2.4 return 语句

return 语句[表达式]退出函数，选择性地向调用方返回一个表达式。不带参数值的 return 语句返回 None。之前的例子都没有示范如何返回数值，下例便来进行讲解，如代码清单 5-18 所示。

代码清单 5-18

```
1    #!/usr/bin/python
2    #可写函数说明
3    def sum( arg1, arg2 ):
4        #返回 2 个参数的和
5        total = arg1 + arg2
6        print "Inside the function : ", total
7        return total;
8    #调用 sum 函数
9    total = sum( 10, 20 );
10   print "Outside the function : ", total
11   #以上实例输出结果：
12   #Inside the function :   30
13   #Outside the function :   30
```

5.2.5 变量作用域

一个程序的所有变量并不是在哪个位置都可以访问的，访问权限取决于这个变量是在哪里赋值的。

变量的作用域决定了在哪一部分程序可以访问哪个特定的变量名称。在 Python 中，变量分为全局变量与局部变量。定义在函数内部的变量拥有一个局部作用域，定义在函数外的变量拥有全局作用域。

局部变量只能在其被声明的函数内部访问，而全局变量可以在整个程序范围内访问。调用函数时，所有在函数内声明的变量名称都将被加入到作用域中，如代码清单 5-19 所示。

代码清单 5-19

```
1    #!/usr/bin/python
2    total = 0; #This is global variable.
3    #可写函数说明
4    def sum( arg1, arg2 ):
5        #返回 2 个参数的和
6        total = arg1 + arg2;          #total 在这里是局部变量
7        print "Inside the function local total : ", total
8        return total;
9    #调用 sum 函数
10   sum( 10, 20 );
11   print "Outside the function global total : ", total
12   #以上实例输出结果：
13   #Inside the function local total :   30
14   #Outside the function global total :   0
```

习题

一、简述题

不同语言中，函数的参数可分为按值传入或按引用传入。在 Python 中，函数的参数使用了哪种（些）方式？什么叫按引用传入？

二、实践题

1．乘方是数学中常用的运算，n 的 m 次方是指将连续 m 个 n 相乘。请使用乘法，设计函数 pow(n,m)求 n 的 m 次方，返回 n 的 m 次方的值。

2．在函数中调用自身的方式称为“递归”。在“递归”函数中，需要使用条件判断语句来终止递归。例如，在“二分法”猜数字时，可以使用递归来取代循环。当猜的数字错误时，调用自身二分函数，只需要修改猜数字的起点与终点，并将结果返回；当猜对时，直接返回中间数值即可。请使用递归来完成猜数字的程序。下面给出的是一个简单的递归例子，供读者参考。

```
1    def count(num):
2    print num
3    if (num>0):
4    count(num-1)
5    count(10)
6    #调用后，将输出从 num 到 0 的自然数
```

第6章 模 块

本章首先介绍了 Python 这门语言中模块的概念，包括命名空间、模块和包；然后介绍模块的内置属性；最后提供了第三方模块的安装方法。

6.1 模块的概念

先来考虑以下几种场景。

1）编写一个 Python 程序，如果程序比较简单，则可以把代码放到一个 Python 文件中。但如果程序功能比较多，可能需要多个 Python 文件来组织源代码。而这些文件之间的代码肯定是有关联的，比如一个文件中的 Python 代码调用另一个 Python 文件中定义的函数，怎么做到呢？

2）编写程序，肯定不会所有的东西都自己写，肯定会用到 Python 提供的一些标准库。那怎么使用呢？

3）可能想编写一个公共代码，或从外部找到一个第三方的公共代码，如何放入到整个 Python 系统中，如何才能被自己编写的代码使用?

上面这些场景，都是在编写程序时常见的问题，而这些问题，Python 是通过模块和包的机制来解决的。

简单地说，一个模块就是一个 Python 文件，一个包是包含一组模块。下面将详细说明 Python 中模块和包的概念。

6.1.1 命名空间

Python 支持面向对象编程，遵守一切皆对象的原则，所以想要好好理解模块，一定要先理解命名空间的概念。所谓命名空间，是指标示符的可见范围。对于 Python 而言，常见的命名空间主要有以下几种。

1．Build-in Namespace（内建命名空间）

内建命名空间是任何模块均可访问的命名空间，它存放着内置的函数和异常。内建命名空间在 Python 解释器启动时创建，会一直保留，不被删除。

2．Global Namespace（全局命名空间）

每个模块都拥有它自己的命名空间，称为全局命名空间，它记录了模块的变量，包括函数、类、其他导入的模块、模块级的变量和常量。模块的全局命名空间在模块定义被读入时创建，通常模块命名空间也会一直保存到解释器退出。

3．Local Namespace（局部命名空间）

每个函数都有着自己的命名空间，称为局部命名空间，它记录了函数的变量，包括函数的参数和局部定义的变量。当函数被调用时创建一个局部命名空间，当函数返回结果或抛出异常时，被删除。每一个递归调用的函数都拥有自己的命名空间。

有了命名空间的概念，可以有效地解决函数或者是变量重名的问题。当一行代码要使用变量 x 的值时，Python 会到所有可用的名称空间去查找变量，按照如下顺序。

1）局部命名空间：特指当前函数或类的方法。如果函数定义了一个局部变量 x，或一个参数 x，Python 将使用它，然后停止搜索。

2）全局命名空间：特指当前的模块。如果模块定义了一个名为 x 的变量、函数或类，Python 将使用它，然后停止搜索。

3）内置命名空间：对每个模块都是全局的。作为最后的尝试，Python 将假设 x 是内置函数或变量。

4）如果 Python 在这些名称空间找不到 x，它将放弃查找并引发一个 NameError 异常，如 NameError: name 'x' is not defined。

不同的命名空间中允许出现相同的函数名或者是变量名。它们彼此之间不会相互影响，例如在 Namespace A 和 B 中同时有一个名为 var 的变量，对 A.var 赋值并不会改变 B.var 的值。

6.1.2 模块

Python 中的一个模块对应的就是一个.py 文件。其中定义的所有函数或者变量都属于这个模块。这个模块对于所有函数而言就相当于一个全局的命名空间，而每个函数又都有自己局部的命名空间。如图 6-1 所示，Graph.py 就是一个名称为 Graph 的模块。

使用模块最大的好处是大大提高了代码的可维护性。其次，编写代码不必从零开始。当一个模块编写完毕后，就可以被其他地方引用。在编写程序时，也经常引用其他模块，包括 Python 内置的模块和来自第三方的模块，如图 6-2 所示。

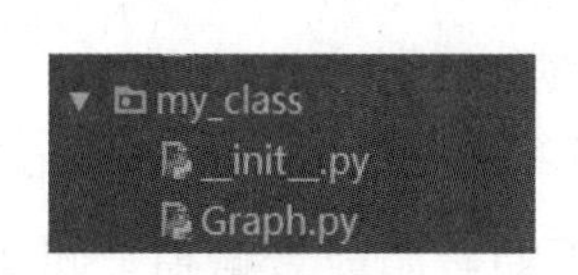

图 6-1　模块

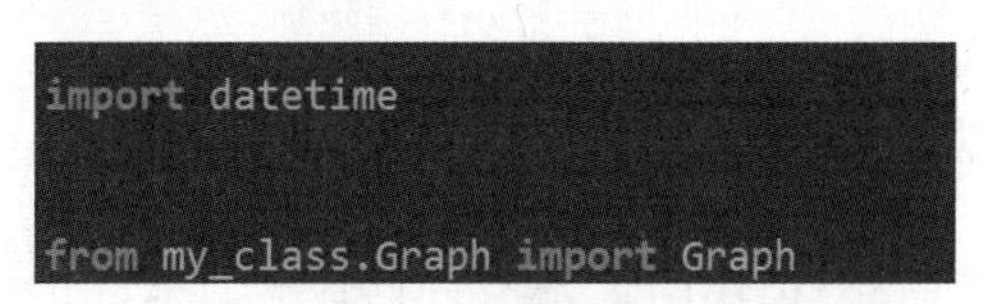

图 6-2　导入模块

如图 6-2 所示，datatime 是 Python 内置模块，用 import 语句导入模块后，就有变量 datetime 指向该模块，利用 datetime 这个变量，就可以访问 datetime 模块的所有功能。

而 Graph 模块此时则作为已定义模块在另一个模块中的引用。

使用模块还可以避免函数名和变量名冲突。相同名称的函数和变量完全可以分别存在于不同的模块中，因此，自己在编写模块时，不必考虑名称会与其他模块冲突。但是也要注意，尽量不要与内置函数名称冲突。

Python 支持以下几种导入方法，如代码清单 6-1 所示。

代码清单 6-1

```
1    import 模块  #导入模块
2    from 包/模块 import 模块/方法/对象 #导入包或模块下的模块、方法或对象等
3    import 模块 as 别名 #导入模块并重命名
4    from 包/模块 import 模块/方法/对象 as 别名
```

```
5    #导入包或模块下的模块、方法或对象等并重命名
```

6.1.3 包

包是多个模块的集合，也就是多个.py 文件的集合。可以用以下方式来创建一个包。

1）新建一个文件夹。

2）在该文件夹下新建一个空的__init__.py 文件（必须存在，内容可以为空）。

3）在该文件夹下新建一个.py 文件。

包提供了一种很好的管理模块的方式，可以有效地减少模块的命名冲突，不同包的模块命名可以相同，如图 6-3 所示。

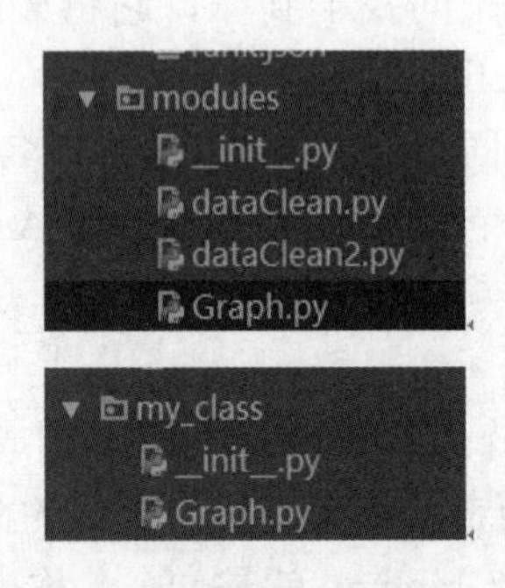

图 6-3　包的文件结构

包 modules 和包 my_class 中都有名为 Graph 的模块，但两者的内容是完全不同的，引用模块时需要带上包名，如 import my_class.Graph。

6.2 模块内置属性

在每一个模块中，都有一些内置属性，这些属性无需手动声明或者赋值，可以直接访问。

例如，__name__为当前模块名。如果是直接运行该模块，其值为__main__；如果通过导入运行，属性值就是模块名。因此可以通过__name__属性判断该模块是直接运行还是被导入运行的，对于一些不需要在导入运行时执行的，就需要添加__name__=="__main__"判断。如代码清单 6-2 所示。

代码清单 6-2

```
1    if __name__=='__main__':
2    print("不是 import 的")
3    else:
4    print("是 import 的")
5    if __name__=='__main__':
6    print("不是 import 的")
7    else:
8    print("是 import 的")运行结果为：
```

```
9   if __name__=='__main__':
10  print("不是 import 的")
11  else:
12  print("是 import 的")
```

__file__也是 Python 模块的一个内置属性，__file__用来获得模块所在的路径。__file__的返回值根据调用模块的方式不同，得到的结果可能不同。使用绝对路径调用模块时，__file__将返回绝对路径；使用相对路径调用__file__时，会得到相对路径。因此，要想正确地得到绝对路径，需要使用 os.path.realpath(__file__)。

6.3 第三方模块安装方法

在 Python 中安装第三方模块，是通过包管理工具 pip 来完成的。如果正在使用 Windows 操作系统，在命令提示符窗口下尝试运行 pip；如果 Windows 提示未找到命令，可以重新运行安装程序添加 pip，然后再试着在命令提示符窗口下运行 pip；若仍然提示未找到命令，可以试着在命令行提示符窗口中输入：python -m pip install –upgrade pip 更新 pip。

在 pip 更新完成以后，尝试安装第三方模块 Numpy，输入命令：pip install numpy。Numpy 是用于科学计算的 Python 库；一般来说，第三方库都会在 Python 官方的 pypi.python.org 网站注册，要安装一个第三方库，必须先知道该库的名称，可以在官网或者 pypi 上搜索。

安装第三方模块后，可以像使用自带模块一样使用它，如代码清单 6-3 所示。

代码清单 6-3

```
1   >>> import numpy
2   >>> import sys
3   >>> a = numpy.arange(0,100,100)
4   >>> print a
```

习题

一、简述题

查阅资料，了解 Python 都有哪些常用的自带模块和第三方模块。

二、实践题

编写一个自己的模块 mymath，该模块中需要有函数 add(a,b)、sub(a,b)、mul(a,b)和 div(a,b)，实现两个数的加、减、乘、除并返回结果。

第7章 文件操作

本章首先介绍 Python 这门语言对于文件的读写操作，包括打开文件、写入文件、读取文件和文件读写的异常处理；然后介绍两种模块文件操作，分别是 os 模块文件操作和 shutil 模块文件操作。

在处理报表、实验数据或者账单时，往往需要从一个已有的文件中读取数据；同样，在生成报表或者账单时，需要向一个文件中写入数据。在任何一种编程语言中，文件操作都是一个老生常谈的话题。同样，Python 提供了非常方便的文件读写等接口。

7.1 文件读写

7.1.1 打开文件

无论是读取文件还是写入文件，首先都需要“打开”文件，这里的“打开”与使用操作系统时打开文件的意思有所区别。在写入新文件时，首先同样需要“打开”这个即将被创建的文件。决定是读取文件还是写入文件，取决于打开文件时所指定的模式。

Python 内置了 open()函数来进行文件的打开操作，其语法格式如下。

```
open( 文件名 [, 模式 ][, 缓冲区大小 ])
```

open 函数接受“文件名”“模式”和“缓冲区大小”3 个参数，其中“文件名”是必选参数，而“模式”和“缓冲区大小”如果没有指定会使用默认的参数。接下来将详细介绍参数的使用。

“文件名”接受一个字符串类型的参数，在文件名中可以使用其相对路径或者绝对路径。

“模式”同样接受一个字符串类型的参数，它指定了对该文件采取的操作类型，如“读取”“重写”和“追加”等，这些操作所对应的参数如表 7-1 所示。

表 7-1 文件打开模式

模 式	描 述
r	以只读方式打开文件。文件的指针将会放在文件的开头。这是默认模式
rb	以二进制格式打开一个文件用于只读。文件指针将会放在文件的开头。这是默认模式
r+	打开一个文件用于读写。文件指针将会放在文件的开头
rb+	以二进制格式打开一个文件用于读写。文件指针将会放在文件的开头

（续）

模　式	描　述
w	打开一个文件只用于写入。如果该文件已存在则将其覆盖。如果该文件不存在，则创建新文件
wb	以二进制格式打开一个文件只用于写入。如果该文件已存在则将其覆盖。如果该文件不存在，则创建新文件
w+	打开一个文件用于读写。如果该文件已存在则将其覆盖。如果该文件不存在，则创建新文件
wb+	以二进制格式打开一个文件用于读写。如果该文件已存在则将其覆盖。如果该文件不存在，则创建新文件
a	打开一个文件用于追加。如果该文件已存在，文件指针将会放在文件的结尾。也就是说，新的内容将会被写入到已有内容之后。如果该文件不存在，则创建新文件进行写入
ab	以二进制格式打开一个文件用于追加。如果该文件已存在，文件指针将会放在文件的结尾。也就是说，新的内容将会被写入到已有内容之后。如果该文件不存在，则创建新文件进行写入
a+	打开一个文件用于读写。如果该文件已存在，文件指针将会放在文件的结尾。文件打开时会是追加模式。如果该文件不存在，则创建新文件用于读写
ab+	以二进制格式打开一个文件用于追加。如果该文件已存在，文件指针将会放在文件的结尾。如果该文件不存在，则创建新文件用于读写

“缓冲区大小”接受一个整型参数，用来表示缓冲区的策略选择。设置为 0 时，表示不使用缓冲区，直接读写，仅在二进制模式下有效。设置为 1 时，表示在文本模式下使用行缓冲区方式。设置为大于 1 时，表示缓冲区的设置大小。如果参数 buffering 没有给出，则会使用以下默认策略。

- 对于二进制文件模式，采用固定块内存缓冲区方式，内存块的大小根据系统设备分配的磁盘块来决定，如果获取系统磁盘块的大小失败，就使用内部常量 io.DEFAULT_BUFFER_SIZE 定义的大小。一般的操作系统上，块的大小是 4096 或 8192 字节。
- 对于交互的文本文件（采用 isatty()判断为 True），采用一行缓冲区的方式。其他文本文件使用与二进制文件模式一样的方式。

一般来说，如果没有特殊要求，使用默认的缓冲区策略即可。

open()函数会返回一个 File 对象，文件读写的后续操作都要围绕这个对象进行，可以使用以下方式获取该对象，如代码清单 7-1 所示。

代码清单 7-1

```
f = open("test.txt","w")
```

7.1.2 写入文件

在使用与“写”相关的模式打开文件后，便可以开始写入文件。

写入文件时，需要使用 File 类型对象的 write()方法，如代码清单 7-2 所示。

代码清单 7-2

```
file.write(内容)
```

write 接受一个字符串类型的参数。在完成文件的操作后，需要使用 File 类型对象的 close()方法释放文件，才能正确访问。

下面通过一个简单的例子来展示文件写入操作，如代码清单 7-3 所示。

代码清单 7-3

```
1    f = open("test.txt","w")
```

```
2    f.write("Hello World!")
3    f.close()
```

运行这段代码，会在脚本文件的同一目录下得到一个内容为“Hello World!”的文本文档“text.txt”。

file.write()方法在字符串的最后不会写入换行符，因此，需要使用“\n”来换行，如代码清单 7-4 所示。

代码清单 7-4

```
1    f = open("test.txt","w")
2    f.write("Hello World!\nI love Python!")
3    f.close()
```

运行后，得到的文本文档中共两行，第一行为“Hello World!”，第二行为“I love Python!”。

在需要写入一系列字符串时，Python 还提供了更方便的方法 file.writelines（列表），这一方法同样不会写入换行符，需要用户自己添加，如代码清单 7-5 所示。

代码清单 7-5

```
1    content = [
2            "Hello World!\n",
3            "I love Python!"
4    ]
5    f = open("test.txt","w")
6    f.writelines(content)
7    f.close()
```

同样，运行后，得到的文本文档中共两行，第一行为“Hello World!”，第二行为“I love Python!”。

7.1.3 读取文件

Python 同样为读取文件提供了非常便捷的接口。

读取文件时，可以使用 File 类型的 read()方法，read()方法返回一个字符串，字符串的内容就是读取的文件的内容。

file.read()方法还有一个可选参数“长度”，可以指定从文本文件中读取字符的长度。

下面使用上一节写入的文本文件进行测试，将其放在与 Python 脚本文件同一目录下（如果读者未移动其路径，此步骤可忽略），如代码清单 7-6 所示。

代码清单 7-6

```
1    f = open("test.txt","r")
2    content = f.read()
3    print content
4    f.close()
```

运行后，命令行中会输出两行，分别是“Hello World!”与“I love Python!”。接下来，测试指定读入字符长度，如代码清单 7-7 所示。

代码清单 7-7

```
1    f = open("test.txt","r")
2    content = f.read(5)
3    print content
4    f.close()
```

代码运行后，将会输出“Hello”。需要注意的是，当按指定字符长度读取后，读取文件的游标将会移动相应的长度，也就是说，继续读取文件时，将得到上一次读取之后的内容，如代码清单 7-8 所示。

代码清单 7-8

```
1    f = open("test.txt","r")
2    print f.read(5)
3    print f.read(1)
4    print f.read(5)
5    f.close()
```

代码运行后，将会输出 3 行，分别是“Hello”，“ ”和“World”。

读取文件的游标可以通过 file.seek()方法设置，该方法接受一个必选参数“偏移量”和一个可选参数“起始位置”。“偏移量”即为游标跳转到距“起始位置”多少个字符的值，“起始位置”是可选参数，默认为“0”，其可选值只有“0”“1”和“2”，其含义如下。

- 0 代表从文件开头开始算起。
- 1 代表从当前位置开始算起。
- 2 代表从文件末尾算起。

例如，从文件中读入两次“Hello”，如代码清单 7-9 所示。

代码清单 7-9

```
1    f = open("test.txt","r")
2    print f.read(5)
3    f.seek(0)
4    print f.read(5)
5    f.close()
```

代码执行后，会输出两行“Hello”。使用 seek 方法，可以灵活地读取文件。除 seek 方法外，tell 也是十分实用的方法。tell 方法会返回当前游标的位置，如代码清单 7-10 所示。

代码清单 7-10

```
1    f = open("test.txt","r")
2    f.read(5)
3    print f.tell()
4    f.read(1)
```

```
5    print f.tell()
6    f.read(5)
7    print f.tell()
8    f.close()
```

运行后，tell 分别输出 5、6、11。

有时需要按行读入数据，可以使用 file.readline()与 file.readlines()方法，其中，readline 方法会读取一行内容，而 readlines 会按行读取全部内容，并将读取到的行以列表的方式返回。这两个方法都会读入换行符，如代码清单 7-11 所示。

代码清单 7-11

```
1    f = open("test.txt","r")
2    print f.readline()
3    print f.readline()
4    f.seek(0)
5    print f.readlines()
6    f.close()
```

这段代码的输出如代码清单 7-12 所示。

代码清单 7-12

```
1    Hello World!
2    I love Python!
3    ['Hello World!\n', 'I love Python!']
```

7.1.4 文件读写异常处理

在进行文件操作时，很容易出现异常错误。关于一般的异常处理，将在第 10 章详细讲解，本节将讲解文件读写的简便异常处理。

Python 为文件读写的异常处理提供了 with 语句，下面使用一个例子来简单介绍 with 的使用方法，如代码清单 7-13 所示。

代码清单 7-13

```
1    with open("test.txt","r") as f:
2        print f.read()
```

with 的使用非常简单，只需要把打开文件的操作写在 with 后并通过 as 方法为其指定对象名，即可使用。如果在 with 结构中出现异常，Python 会自动 close()文件而不会中断代码的执行；除此之外，在 with 结构中的所有代码执行完毕后，with 也会自动 close()文件，简化了文件读写。

7.2 其他文件操作

除了文件读写，Python 还提供了很多文件操作接口以方便用户使用。本节着重介绍 os

模块与 shutil 模块下的文件操作。

在本节中，建立如下目录与文件进行测试。

1）建立 python 文件夹作为根目录。

2）在 python 目录下创建文本文档 text1.txt 和 text2.txt。

3）在 python 目录下建立 testDir 目录。

4）在 testDir 目录下创建文本文档 text3.txt。

7.2.1 os 模块文件操作

当前工作路径为 os.getcwd()，getcwd()返回当前 Python 脚本工作路径。在 python 目录下打开 cmd 或者 PowerShell 测试，如图 7-1 所示。

1. 列出文件与目录 os.listdir()

listdir()返回指定目录下所有文件名与目录名的列表，listdir()函数接受一个参数，即需要列出的路径，如图 7-2 所示。

图 7-1　当前工作路径

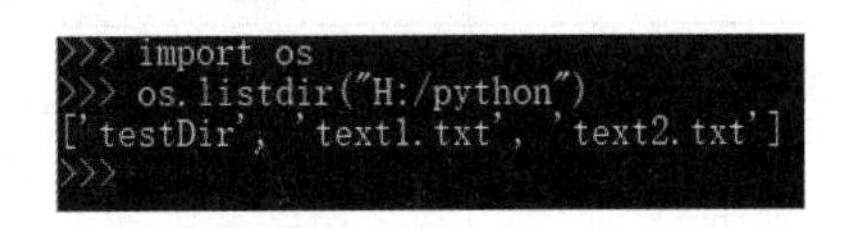

图 7-2　列出文件与目录

2. 创建目录 os.mkdir()

mkdir()用来创建一个目录，其接受一个参数，即需要创建的目录及其路径，如图 7-3 所示。

3. 重命名目录或文件 os.rename()

rename()既可以重命名文件，也可以重命名目录，其接受两个参数，分别为文件或目录的旧路径与名称、文件或目录的新路径与名称，如图 7-4 所示。

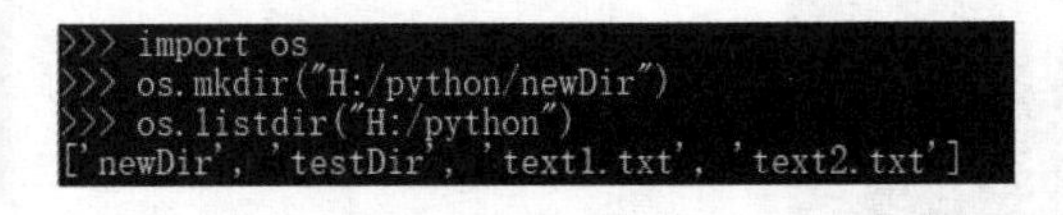

图 7-3　创建目录

图 7-4　重命名目录或文件

4. 删除文件和空目录

os 模块对于删除提供了多种不同的接口，这里介绍两种删除方式。

- os.remove()用于删除文件而不能用于删除目录，它接受一个参数，即文件路径。
- os.rmdir()用于删除空目录，它接受一个参数，即目录路径，如果目录非空，该方法会抛出异常。

这两种方法如图 7-5 所示。

5. 路径相关 os.path

在 os 模块下，有一组函数均与路径相关，它们都位于 os.path 下，其中常用的函数如表 7-2 所示。

```
>>> import os
>>> os.listdir("H:/python")
['renameDir', 'testDir', 'text1.txt', 'text2.txt']
>>> os.remove("H:/python/text2.txt")
>>> os.listdir("H:/python")
['renameDir', 'testDir', 'text1.txt']
>>> os.rmdir("H:/python/renameDir")
>>> os.listdir("H:/python")
['testDir', 'text1.txt']
```

图 7-5　删除文件或空目录

表 7-2　os.path 模块常用函数

函　数	描　述
os.path.exists()	判断文件是否存在，接受一个路径参数，返回布尔类型
os.path.isfile()	判断路径是否为文件，接受一个路径参数，返回布尔类型
os.path.isdir()	判断路径是否为目录，接受一个路径参数，返回布尔类型
os.path.isabs()	判断路径是否为绝对路径，接受一个路径参数，返回布尔类型
os.path.dirname()	返回路径的目录路径，接受一个路径参数
os.path.basename()	返回路径的文件名，接受一个路径参数
os.path.split()	分离目录名与文件名，接受一个路径参数，返回两个字符串，分别为目录名与文件名
os.path.splitext()	分离文件名与拓展名，接受一个路径参数，返回两个字符串，分别为文件名与拓展名
os.path.getsize()	返回文件大小，接受一个路径参数

这些函数的使用实例如图 7-6 所示。

```
>>> import os
>>>
>>> # 测试exists()
...
>>> os.path.exists("H:/python/text1.txt")
True
>>> os.path.exists("H:/python/text4.txt")
False
>>>
>>> # 测试isfile()
...
>>> os.path.isfile("H:/python/text1.txt")
True
>>> os.path.isfile("H:/python/testDir")
False
>>>
>>> # 测试isdir()
...
>>> os.path.isdir("H:/python/text1.txt")
False
>>> os.path.isdir("H:/python/testDir")
True
>>> # 测试isabs()
...
>>> os.path.isabs("H:/python/text1.txt")
True
>>> os.path.isabs("text1.txt")
False
>>>
>>> # 测试dirname()
...
>>> os.path.dirname("H:/python/text1.txt")
'H:/python'
>>>
>>> # 测试basename()
...
>>> os.path.basename("H:/python/text1.txt")
'text1.txt'
>>>
>>> #测试split()、splitext()
...
>>> os.path.split("H:/python/text1.txt")
('H:/python', 'text1.txt')
>>> os.path.splitext("H:/python/text1.txt")
('H:/python/text1', '.txt')
>>>
>>> # 测试getsize()
...
>>> os.path.getsize("H:/python/text1.txt")
13L
```

图 7-6　os.path 模块

7.2.2 shutil 模块文件操作

shutil 模块是 Python 提供的一种高层次的文件操作工具，其对文件的复制与删除操作相比于 os 模块，支持更好。

1. 复制文件 shutil.copy()

shutil.copy()用来复制两个文件，它接受两个参数，分别是需要复制的文件路径与复制后的新文件路径，如图 7-7 所示。

```
>>> import os, shutil
>>> os.listdir("H:/python")
['testDir', 'text1.txt']
>>> shutil.copy("H:/python/text1.txt","H:/python/text4.txt")
>>> os.listdir("H:/python")
['testDir', 'text1.txt', 'text4.txt']
```

图 7-7　复制文件

2. 复制目录 shutil.copytree()

shutil.copytree()用于复制目录及其内容，其接受两个参数，第一个参数是被复制的目录路径，第二个参数是复制后的目录路径，其中第二个参数中的目录必须不存在，如图 7-8 所示。

```
>>> shutil.copytree("H:/python/testDir","H:/python/testDir2")
>>> os.listdir("H:/python/testDir2")
['text3.txt']
```

图 7-8　复制目录

3. 移动文件或目录 shutil.move()

shutil.move()用来移动文件或目录，它接受两个参数，第一个参数是文件或目录的旧路径，第二个参数是文件或目录的新路径，如图 7-9 所示。

```
>>> shutil.move("H:/python/text4.txt","H:/python/testDir/text4.txt")
>>> os.listdir("H:/python/testDir")
['text3.txt', 'text4.txt']
```

图 7-9　移动文件或目录

4. 删除目录 shutil.rmtree()

os 模块中提供了删除文件与空目录的功能，而 shutil 中的 rmtree()函数提供了删除任意目录的功能。rmtree()可以删除目录与其中的所有内容，如图 7-10 所示。

```
>>> shutil.rmtree("H:/python/testDir2")
>>> os.listdir("H:/python")
['testDir', 'text1.txt']
```

图 7-10　删除目录

习题

一、简述题

1. 简述 Python 中读取文件、写入文件的几个常用函数及它们的区别。

2．简述 os.rmdir()与 shutil.rmtree()的区别。

3．简述 os.path 模块中常用的函数及其功能。

二、实践题

一个班级的成绩单被以文本文件的方式保存，每行为一名学员的成绩。第一列为学员名，第二列为 Python 成绩，第三列为数据结构的成绩。请从文件读入计算每名学员的总分，然后将学员及他的成绩按照总分降序输出到一个新的文本文件中。示例输入文本文件内容如下所示。

```
Alice 100 85
Bob 90 90
Candy 70 99
David 80 85
Eason 95 85
```

第 8 章　字符串与正则表达式

本章首先介绍 Python 中字符串的基本操作；然后引出字符串相关函数；再对如何使用字符串进行程序设计进行详细描述；最后分别对字符编码和正则表达式进行了具体的说明和使用方法的详细解释。

8.1　字符串的基本操作

本书前面已经介绍过字符串这种基本数据类型。实际上，字符串和列表及元组类似，也是一种序列类型。字符串由 Python 内置的 str 类定义，属于不可变对象。本节将介绍字符串的一些基本操作。

最简单的创建字符串的方法已经介绍过，即使用一对单引号、双引号或三引号包围要创建的字符串，如下所示。

```
str1 = 'python'
str2 = "Hello World!"
str3 = '''I'm fine.'''
```

在引号前添加字母 r 代表该字符串是所谓的“生字符串”，即串中的反斜杠（\）均不转义，如下所示。

```
str4 = r"yes\no"
```

Python 使用内置类 str 来定义字符串，因此也可以使用 str()函数来创建字符串，如下所示。

```
str5 = str()
str6 = str("string")
```

和元组一样，字符串对象也是不可变的。也就是说，一旦一个字符串被创建后，字符串的内容就不能再改变。

一个字符串实际上是一个字符序列，因此也可以将序列的一些基本操作应用到字符串上。这些基本操作说明如下。

8.1.1　下标访问

字符串可以使用下标来访问该位置的单个字符。例如，定义 mystr="python"，则 mystr[0] 的值为字符“p”。但是使用下标只能进行读取操作，而无法进行写入。

8.1.2　切片操作

使用切片操作可以按位置提取出字符串的某个子串。例如，定义 mystr="Hello World",

则 mystr[0:5]的值为字符串“Hello”。

8.1.3　字符串拼接与复制

使用+和*可以类似地实现字符串的拼接和复制。例如，定义 str1="Hello"+' '+"World", str2='*'*5，则 str1 的值为字符串“Hello World”，str2 的值为字符串“*****”。另外，还可以使用增强型赋值运算符+=和*=。

8.1.4　in/not in 运算符

使用 in/not in 运算符可以判断一个字符串是否为另一个字符串的子串。例如，表达式'He' in 'Hello'将返回 True。

8.1.5　比较运算符

比较运算符可以用来对字符串进行比较。字符串的比较规则是字典序，即从两个字符串的第一个字符开始，依次比较每个对应位置字符的 ASCII 码值，直到出现不一样的两个字符或者两个字符串中的所有字符都比较完毕为止。例如，表达式'Jane'>'Jake'将返回 True，表达式'hello'=='Hello'将返回 False。

8.1.6　for 循环遍历字符串

字符串也是可迭代对象，因此可以使用 for 循环来顺序遍历字符串中的每个字符。例如，执行下面的语句将依次打印字符串的所有字符。

```
for ch in mystr:
    print ch
```

上面代码执行的结果与直接执行语句 print mystr 相同。

8.2　字符串相关的函数

字符串同样可以应用内置函数。例如，使用 len()函数来求字符串长度，或用 max()函数来求字符串中 ASCII 码值最大的字符。此外，Python 内置的 str 类也提供了许多成员函数来对字符串提供一些封装好的方法。下面对一些常用的成员函数进行介绍。

```
str.captalize()
```

这个函数将返回一个原字符串的一种形式，返回的字符串首字母大写，其他字母均小写。例如，调用"hellO".captalize()将返回字符串“Hello”。

```
str.center(width[, fillchar])
```

这个函数将返回一个长度为 width 的字符串，并使得原字符串居中。可选参数 fillchar 默认为空格，用来填充原字符串两端的空间。例如，调用"Test".center(10, '*')将返回字符串“***Test***”。

str.count(sub[, start[, end]])

这个函数将返回在原字符串 start 到 end 范围内 sub 串出现的次数（非重叠方式）。可选参数 start 和 end 的意义与切片操作[start:end]时的意义相同，start 默认值为 0，end 默认值为 len(str)-1。例如："abababa".count("aba")将返回 2。

str.endswith(suffix[, start[, end]])

如果字符串以指定的 suffix 结束则这个函数返回 True，否则返回 False。可选参数 start 和 end 分别表示比较的起始和终止位置。例如，调用"Hello World".endswith("World")将返回 True。

str.find(sub[, start[, end]])

这个函数将返回在字符串中找到的第一个子串 sub 的位置，如果没有找到 sub 子串则返回-1。可选参数 start 和 end 分别表示原字符串查找的起始和终止位置。例如，调用"abcdbc".find("bc")将返回 1。

str.index(sub[, start[, end]])

这个函数的功能基本与 find 函数相同，但在未找到子串 sub 时不返回-1，而是抛出一个 ValueError。

str.isalnum()

如果字符串中的所有字符都是数字或字母且字符串非空，则该函数将返回 True，否则返回 False。例如，调用"I'm fine".isalnum()将返回 False。

str.isalpha()

如果字符串中的所有字符都是字母且字符串非空，则该函数将返回 True，否则返回 False。例如，调用"python".isalpha()将返回 True。

str.isdigit()

如果字符串中的所有字符都是数字且字符串非空，则该函数将返回 True，否则返回 False。例如，调用"12321".isdigit()将返回 True。

str.islower()

如果字符串中的所有字母都是小写字母且字符串非空，则该函数将返回 True，否则返回 False。例如，调用"abc123".islower()将返回 True。

str.isspace()

如果字符串中的所有字母都是空格且字符串非空，则该函数将返回 True，否则返回 False。例如，调用"a ".isspace()将返回 False。

str.istitle()

如果字符串中所有的单词首字母为大写而且其他字母为小写，则该函数将返回 True，否则返回 False。例如，调用"Hello World".istitle()将返回 True。

str.issuper()

如果字符串中的所有字母都是大写字母且字符串非空，则该函数将返回 True，否则返回 False。例如，调用"Abc123".islower()将返回 False。

str.join(iterable)

这个函数将返回一个字符串，将可迭代的参数 iterable 以原字符串为分隔符来连接。例如，调用"-".join(["How", "Are", "You"])将返回字符串“How-Are-You”。

str.ljust(width[, fillchar])

这个函数将返回一个长度为 width 的字符串，并使得原字符串居左。可选参数 fillchar 默认为空格，用来填充原字符串右侧的空间。例如，调用"Test".ljust(10, '*')将返回字符串“Test******”。

str.lower()

这个函数将字符串中所有大写字母替换为对应的小写字母。例如，调用"Hello World".lower()将返回字符串“hello world”。

str.lstrip([chars])

这个函数将删除原字符串的某些特定的前导字符。可选参数 chars 是一个字符集，执行此函数将删除所有在原字符串开头处且在 chars 串中的字符。chars 默认时为空格，即删除字符串的前导空格。例如，调用"   hello".lstrip()将返回字符串“hello”，调用"cabdabcb".lstrip("abc")将返回字符串“dabcb”。

str.partition(sep)

这个函数将在分隔符 sep 首次出现的位置拆分字符串，并返回将字符串拆分后的三元组（分隔符之前部分、分隔符和分隔符之后部分）。如果找不到分隔符，则返回字符串本身及两个空字符串组成的三元组。例如，调用"python".partition("th")将返回元组('py', 'th', 'on')。

str.replace(old, new[, count])

这个函数会将原字符串中的所有 old 子串都用 new 子串来替换。如果指定了可选参数 count 则只有最先出现的 count 个子串被替换。例如，调用"abcabc".replace("ab","*")将返回字符串“*c*c”。

str.rfind(sub[, start[, end]])

这个函数与 find 函数相似，但返回的是子串 sub 最后一次出现在原字符串中的位置。例如，调用"abcdbc".rfind("bc")将返回 4。

str.rindex(sub[, start[, end]])

这个函数与 rfind 函数相似，但未找到子串时会抛出一个 ValueError。

str.rjust(width[, fillchar])

这个函数与 ljust 函数相似，但字符 fillchar 填充在字符左侧。例如，调用"Test".rjust(10, '*')将返回字符串“******Test”。

str.rpartition(sep)

这个函数与 partition 函数相似，但此函数是按照字符串中最后一个 sep 子串来作为分隔符。例如，调用"python".rpartition("th")将返回元组('py', 'th', 'on')。

str.rsplit([sep[, maxsplit]])

这个函数与 split 函数相似，但拆分字符串时从右开始拆分。

str.rstrip([chars])

这个函数与 lstrip 函数相似，但删除的是原字符串的后导字符。例如，调用"cabdabcb".lstrip("abc")将返回字符串“cabd”。

str.split([sep[, maxsplit]])

这个函数将返回字符串以 sep 作为分隔符的字符串列表。如果给出可选参数 maxsplit，则字符串至多能被拆分 maxsplit 次。例如，调用"1<>2<>3".split("<>")将返回列表['1', '2', '3']。

如果 sep 未指定或者为 None，则分隔方法完全不同：连续空格作为单一的分隔符对字符串进行分隔。例如，调用"   1 2   3".split()将返回列表['1', '2', '3']。

str.splitlines([keepends])

这个函数将字符串按行进行分隔，并返回行组成的列表。

str.startswith(prefix[, start[, end]])

如果字符串以指定的 prefix 开头则该函数返回 True，否则返回 False。可选参数 start 和 end 分别表示比较的起始和终止位置。例如，调用"Hello World".startswith("Hello")将返回 True。

str.strip([chars])

这个函数与 lstrip 函数和 rstrip 函数相似，但删除的是原字符串的前导字符和后导字符。执行该函数相当于执行 str. .lstrip([chars]) .rstrip([chars])。例如，调用"cabdabcb".lstrip("abc")将返回字符串“d”。

str.swapcase()

这个函数将原字符串中的字母的大小写互换。例如，调用"I'm Fine".swapcase()将返回字符串“i'M fINE”。

str.title()

这个函数将原字符串的所有单词首字母转换为大写，其他字母转换为小写。例如，调用"hello world".title()将返回字符串“Hello World”。

```
str.upper()
```

这个函数将字符串中的所有小写字母替换为对应的大写字母。例如，调用"Hello World".upper()将返回字符串“HELLO WORLD”。

```
str.zfill(width)
```

这个函数将在数值字符串的左边添加前导 0 至字符串长度等于 width。如果 width 小于或等于原字符串长度则直接返回原字符串。例如，调用"123".zfill(10)将返回字符串“0000000123”。

注意：正如之前所说的，字符串对象都是不可变的。因此 str 类中没有任何一个成员函数能够改变字符串的内容。这些方法都是创建并返回了新的字符串，在调用了这些方法之后，原字符串的内容仍然没有改变。

8.3 格式化字符串

字符串有一个独特的内置操作：%操作符（也被称为字符串格式化操作符）。使用这一操作符可以创建格式化的字符串，其语法格式类似于“format%values”，其中 format 是带有格式符的模板字符串，values 是若干个值，这一操作会将 format 串中的格式符替换为 values 中的值。

举例如下。

```
print "I'm %s. I'm %d years old." % ("Zhang San", 20)
```

上面的例子将输出字符串“I'm Zhang San. I'm 20 years old.”。表达式前半部分中的%s 和%d 都是格式符，分别代表一个字符串和一个十进制整数。这两个格式符的内容将根据后面元组中的值一次填入。

在 format 中使用不同的格式符可以代表不同的类型。完整的格式符列表及它们的含义如表 8-1 所示。

表 8-1 格式符

格式符	含 义
%d, %i, %u	有符号的十进制整数
%o	有符号的八进制数
%x, %X	有符号的十六进制数（小写）
%e, %E	浮点数的科学计数法表示（小写）
%f, %F	浮点数的十进制表示
%g, %G	浮点数，如果指数小于-4 或大于等于精度值则使用指数形式，否则使用十进制形式
%c	单个字符（接受整数或单个字符的字符串）
%r, %s	字符串
%%	不转换任何值，结果只打印%

在格式符的百分号后可以添加点号（.）和数字来表示精度。例如，%.3f 表示保留小数点后 3 位小数。

如果 format 中需要一个单一的参数，那么 values 可以是单个对象，否则 values 必须是一个长度与 format 中参数相同的元组或一个字典。如果右侧的 values 是一个字典，那么 format 字符串中的格式符必须带圆括号包围起来的键，通过键来选择对应的要格式化的值。举例如下。

```
'%(language)s has %(number)d quote types.' % {"language": "Python", "number": 2}
```

这个格式化字符串将被转换为字符串“Python has 2 quote types.”。

代码清单 8-1 通过一个计算圆面积的程序展示了格式化字符串的用法。

代码清单 8-1

```
1  import math
2  i = 1
3  while 1:
4      radius = input("Input the radius:")
5      if radius <= 0:
6          break
7      area = math.pi * radius * radius
8      print "Test No.%02d: The area is %.3f." % (i, area)     #使用格式化字符串输出
9      i += 1
```

【输出结果】

```
Input the radius:2
Test No.01: The area is 12.566.
Input the radius:3
Test No.02: The area is 28.274.
Input the radius:4
Test No.03: The area is 50.265.
Input the radius:0
```

代码中的第 8 行使用格式化字符串来打印输出程序结果。这个格式化字符串接收了两个参数，第一个参数为%02d，表示此处为一个整数且如果长度小于 2 时添加前导 0。第二个参数为%.3f，表示此处为一个十进制浮点数且保留小数点后 3 位。

8.4 实例：使用字符串进行程序设计

8.4.1 检测回文串

如果一个字符串从前往后和从后往前写是一样的，那么就称这个字符串是回文串，如 mom、abccba 等都是回文串。

现在要设计一个程序来判断一个字符串是否为回文串。为了实现这个检测程序，可以从前往后与从后往前同时扫描这个字符串，如果有对应位置上的字符不相同，则该串不为回

文串；如果所有对应位置均匹配，则该串为回文串。代码清单 8-2 展示了检测回文串的完整程序。

代码清单 8-2

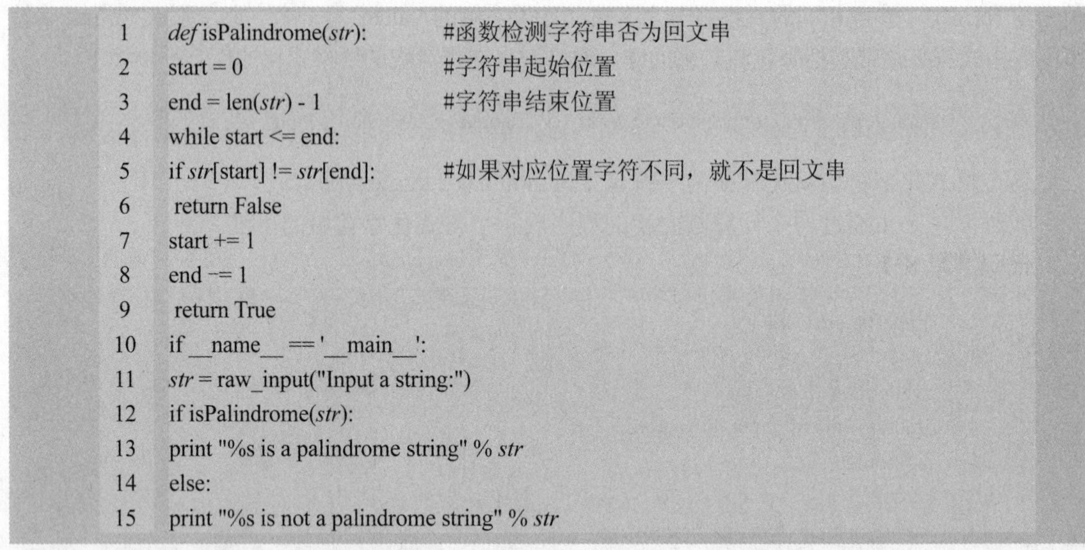

```
1   def isPalindrome(str):           #函数检测字符串否为回文串
2   start = 0                        #字符串起始位置
3   end = len(str) - 1               #字符串结束位置
4   while start <= end:
5   if str[start] != str[end]:       #如果对应位置字符不同，就不是回文串
6    return False
7   start += 1
8   end -= 1
9    return True
10  if __name__ == '__main__':
11  str = raw_input("Input a string:")
12  if isPalindrome(str):
13  print "%s is a palindrome string" % str
14  else:
15  print "%s is not a palindrome string" % str
```

在上面的程序中，函数 isPalindrome 封装了检测一个字符串是否为回文串的功能。函数定义两个下标变量 start 和 end 分别从字符串的两端开始扫描。当发现有对应位置的字符不一致时就返回 False。如果所有字符检测完（start>end）而没有发现不一致的字符就返回 True。在程序第 13 行和第 15 行，使用格式化字符串的语法来输出结果。

8.4.2 字符串的简单加密

文本（字符串）可以用来传递信息。但是对于某些信息，不希望它进行公开传递，而是希望它只能够被特定的人理解，这时就需要对其进行加密操作。没有经过加密的文本被称为明文，经过加密处理的文本被称为密文。文本首先被发送者加密，转换为密文进行传递，在被特定的接收者接收后，对密文进行解密即可还原为明文。这样，文本在传递过程中以密文的方式存在，在不了解解密方法的人看来，也就难以理解其中的信息。

一般来说，在加密和解密的过程中，发送方和接收方需要提前约定一个参数来影响加密和解密的方式，以便信息能被正确传递和解读，这个参数称为密钥。文本的加密和解密过程如图 8-1 所示。

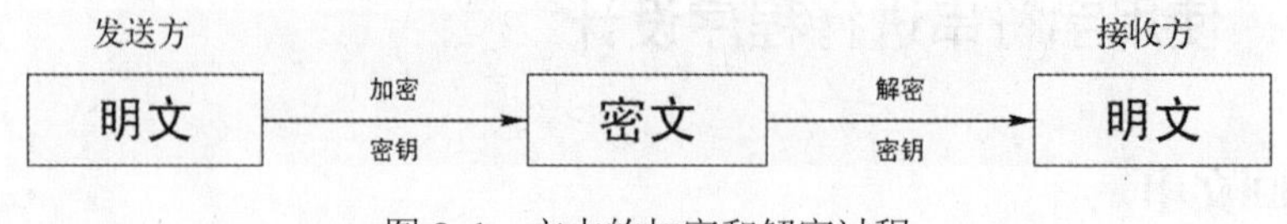

图 8-1　文本的加密和解密过程

现代密码学已经发展得比较完备且比较复杂，初学者很难马上掌握。所以这一节只介绍两种比较古老也比较简单的古典密码：凯撒密码和维吉尼亚密码。

1. 凯撒密码

据说，凯撒密码最先被罗马皇帝凯撒用于对重要的军事信息进行加密。作为一种最为古老的对称加密体制，其基本思想是：明文中的所有字母都通过在字母表偏移一个固定的数目来替换为密文。例如，当偏移量被设定为 3 时，所有的字母 A 都会被替换为 D，B 都会被替换为 E，以此类推。偏移量由信息发送方和接收方事先约定。由此可见，偏移量就是凯撒密码的密钥。

例如，明文字符串为“python”，偏移量设定为 3，则密文为“sbwkrq”。接收方由于事先知道偏移量为 3，将密文反向偏移就可以重新得到明文“python”。代码清单 8-3 给出了完整的程序。

代码清单 8-3

```
1	#字符转换为对应数字
2	def ctoi(char):
3	 return ord(char) - ord('a')
5	#数字转换为对应字符
6	def itoc(num):
7	 return chr(num + ord('a'))
8	#凯撒加密
9	def caesarEncrypt(text, key):
10	new_str = ""
11	 for ch in text:
12	if 'a' <= ch <= 'z':        #字母移 key 位加密
13	new_ch = itoc((ctoi(ch) + key) % 26)
14	else:                       #非字母字符不变
15	new_ch = ch
16	new_str += new_ch
17	return new_str
18	#凯撒解密
19	def caesarDecrypt(text, key):
20	new_str = ""
21	for ch in text:
22	if 'a' <= ch <= 'z':      #字母反移 key 位解密
23	new_ch = itoc((ctoi(ch) + 26 - key) % 26)
24	else:                       #非字母字符不变
25	new_ch = ch
26	new_str += new_ch
27	return new_str
28	#程序入口
29	if __name__ == '__main__':
30	 key = 3
31	text = raw_input("Input a string:").lower()
32	print "Origin text: %s" % text
33	en_text = caesarEncrypt(text, key)
34	print "After Caesar encryption: %s" % en_text
35	de_text = caesarDecrypt(en_text, key)
36	print "After Caesar decryption: %s" % de_text
```

【输出结果】

```
Input a string:Python is an easy to learn, powerful programming language.
Origin text: python is an easy to learn, powerful programming language.
After Caesar encryption: sbwkrq lv dq hdvb wr ohduq, srzhuixo surjudpplqj odqjxdjh.
After Caesar decryption: python is an easy to learn, powerful programming language.
```

在上面的程序中，函数 ctoi 和 itoc 分别用来将字符映射到整数和将整数映射到字母。函数 caesarEncrypt 封装了加密的过程并返回密文，具体方法为：依次遍历字符串中的每个字符，若为字母则计算出偏移后对应的字母（第 13 行），然后生成新的密文字符串。函数 caesarDecrypt 封装了解密的过程并返回明文，其实现方法与加密过程基本一致，但字符进行偏移时与加密过程方向相反。

凯撒密码虽然看上去很有效，但极易被破解。例如，当密文有空格时，可以基本确定密文中的单字母单词的对应明文单词就是 A 或者 I，然后就可以计算出偏移量进而得到明文。或者可以设定偏移量为 0～25 之间的所有整数，对密文（或部分密文）进行解密，所有结果中有意义的一个就是正确的解密过程。由于凯撒密码加密方式少，因此人们在此基础上扩展出一种新的加密方法——维吉尼亚密码。

2. 维吉尼亚密码

维吉尼亚密码最早记录在法国外交家布莱斯·德·维吉尼亚（Blaise de Vigenère）的著作中，其主要思想是：将凯撒密码的 26 种加密方式合成为一个二维表（如图 8-2 所示），然后设定密钥为一段字符串，根据密钥来决定使用哪一行的密表进行替换。

	A	B	C	D	E	F	G	H	I	J	K	L	M	N	O	P	Q	R	S	T	U	V	W	X	Y	Z
A	A	B	C	D	E	F	G	H	I	J	K	L	M	N	O	P	Q	R	S	T	U	V	W	X	Y	Z
B	B	C	D	E	F	G	H	I	J	K	L	M	N	O	P	Q	R	S	T	U	V	W	X	Y	Z	A
C	C	D	E	F	G	H	I	J	K	L	M	N	O	P	Q	R	S	T	U	V	W	X	Y	Z	A	B
D	D	E	F	G	H	I	J	K	L	M	N	O	P	Q	R	S	T	U	V	W	X	Y	Z	A	B	C
E	E	F	G	H	I	J	K	L	M	N	O	P	Q	R	S	T	U	V	W	X	Y	Z	A	B	C	D
F	F	G	H	I	J	K	L	M	N	O	P	Q	R	S	T	U	V	W	X	Y	Z	A	B	C	D	E
G	G	H	I	J	K	L	M	N	O	P	Q	R	S	T	U	V	W	X	Y	Z	A	B	C	D	E	F
H	H	I	J	K	L	M	N	O	P	Q	R	S	T	U	V	W	X	Y	Z	A	B	C	D	E	F	G
I	I	J	K	L	M	N	O	P	Q	R	S	T	U	V	W	X	Y	Z	A	B	C	D	E	F	G	H
J	J	K	L	M	N	O	P	Q	R	S	T	U	V	W	X	Y	Z	A	B	C	D	E	F	G	H	I
K	K	L	M	N	O	P	Q	R	S	T	U	V	W	X	Y	Z	A	B	C	D	E	F	G	H	I	J
L	L	M	N	O	P	Q	R	S	T	U	V	W	X	Y	Z	A	B	C	D	E	F	G	H	I	J	K
M	M	N	O	P	Q	R	S	T	U	V	W	X	Y	Z	A	B	C	D	E	F	G	H	I	J	K	L
N	N	O	P	Q	R	S	T	U	V	W	X	Y	Z	A	B	C	D	E	F	G	H	I	J	K	L	M
O	O	P	Q	R	S	T	U	V	W	X	Y	Z	A	B	C	D	E	F	G	H	I	J	K	L	M	N
P	P	Q	R	S	T	U	V	W	X	Y	Z	A	B	C	D	E	F	G	H	I	J	K	L	M	N	O
Q	Q	R	S	T	U	V	W	X	Y	Z	A	B	C	D	E	F	G	H	I	J	K	L	M	N	O	P
R	R	S	T	U	V	W	X	Y	Z	A	B	C	D	E	F	G	H	I	J	K	L	M	N	O	P	Q
S	S	T	U	V	W	X	Y	Z	A	B	C	D	E	F	G	H	I	J	K	L	M	N	O	P	Q	R
T	T	U	V	W	X	Y	Z	A	B	C	D	E	F	G	H	I	J	K	L	M	N	O	P	Q	R	S
U	U	V	W	X	Y	Z	A	B	C	D	E	F	G	H	I	J	K	L	M	N	O	P	Q	R	S	T
V	V	W	X	Y	Z	A	B	C	D	E	F	G	H	I	J	K	L	M	N	O	P	Q	R	S	T	U
W	W	X	Y	Z	A	B	C	D	E	F	G	H	I	J	K	L	M	N	O	P	Q	R	S	T	U	V
X	X	Y	Z	A	B	C	D	E	F	G	H	I	J	K	L	M	N	O	P	Q	R	S	T	U	V	W
Y	Y	Z	A	B	C	D	E	F	G	H	I	J	K	L	M	N	O	P	Q	R	S	T	U	V	W	X
Z	Z	A	B	C	D	E	F	G	H	I	J	K	L	M	N	O	P	Q	R	S	T	U	V	W	X	Y

图 8-2　维吉尼亚密码表

例如，明文为“python”，设定密钥为长度为 3 的字符串“str”，那么明文的第一个字母 p 对应的密钥位为 s，因此按照密表的 S 行进行加密，对应的密文为 h。明文的第二个字母 y 对应密钥位 t，因此按照密表的 T 行加密，对应的密文为 r。明文 t 对应密钥位 r，密文为 k。密钥循环与明文进行逐位对应，因此明文字母 h 又对应密钥位 s，密文为 z。以此类推，明文最终被加密成密文“hrkzhe”。对密文进行解密时与加密方法基本相同，将密钥循环与密文逐位对应，然后将密文的每个字符按照对应的密钥解密为明文字母。代码清单 8-4 给出了使用维吉尼亚密码进行加密和解密的完整程序。

代码清单 8-4

```
1    #字符转换为对应数字
2    def ctoi(chr):
3    return ord(chr) - ord('a')
4    #数字转换为对应字符
5    def itoc(num):
6    return chr(num + ord('a'))
7    #将密钥转换为整数列表形式
8    def processKey(key_str):
9    key_list = list()
10   for ch in key_str:
11   key_list.append(ctoi(ch))
12   return key_list
13   #维吉尼亚加密
14   def vigenereEncrypt(text, key):
15   key_len = len(key)
16   i = 0
17   new_str = ""
18   for ch in text:
19   if 'a' <= ch <= 'z':        #字母按对应位密钥移位加密
20   new_ch = itoc((ctoi(ch) + key[i]) % 26)
21   i = (i + 1) % key_len
22   else:                       #非字母字符不变
23   new_ch = ch
24   new_str += new_ch
25   return new_str
26   #维吉尼亚解密
27   def vigenereDecrypt(text, key):
28   key_len = len(key)
29   i = 0
30   new_str = ""
31   for ch in text:
32   if 'a' <= ch <= 'z':        #字母按对应位密钥反向移位解密
33   new_ch = itoc((ctoi(ch) + 26 - key[i]) % 26)
34   i = (i + 1) % key_len
35   else:                       #非字母字符不变
36   new_ch = ch
37   new_str += new_ch
38    return new_str
39   #程序入口
40   if __name__ == '__main__':
41    ori_key = raw_input("Input a string as key:").lower()
42   text = raw_input("Input a string:").lower()
43   if ori_key.isalpha():
44   key = processKey(ori_key)
```

```
45        print "Origin text: %s" % text
46        en_text = vigenereEncrypt(text, key)
47        print "After Caesar encryption: %s" % en_text
48        de_text = vigenereDecrypt(en_text, key)
49        print "After Caesar decryption: %s" % de_text
50    else:
51        print "Error: Invalid key."
```

【输出结果】

```
Input a string as key:helloworld
Input a string:Python is an easy to learn, powerful programming language.
Origin text: python is an easy to learn, powerful programming language.
After Caesar encryption: wcescj wj lq ledj hk zvluu, tzhsntlw sysrcoiazyj seyriwuv.
After Caesar decryption: python is an easy to learn, powerful programming language
```

在代码中，函数 processKey 用来将字符串形式的密钥转换为整数列表形式的密钥，列表中的每一个元素代表该位置字符的偏移量。函数 vigenereEncrypt 使用维吉尼亚密码和密钥对明文进行加密，函数 vigenereDecrypt 使用维吉尼亚密码和密钥对密文进行解密。

从程序的输出结果可以看到，同样的明文字母在不同的位置被加密成了不同的密文字母。在不知道密钥的情况下，很难对密文进行简单破解。

8.5 字符编码

之前讨论的字符串所包含的字符都是英文字母。那么，如何在 Python 中处理中文字符呢？首先来了解字符是如何在计算机中存储的，然后再讨论如何处理中文字符的问题。

8.5.1 字符编码简介

众所周知，计算机中存储的信息都是用二进制数表示的。而在屏幕上看到的英文字母、汉字等字符都是二进制数转换之后的结果。通俗地说，要将字符按照一定规则对应为一个二进制数以存储在计算机中，例如将小写字母 a 对应为整数 01100001（即十进制数 97），这个过程称为编码；将存储在计算机中的二进制数转换成所对应的字符以显示出来，例如将二进制数 01100001 转换为对应的字母 a，这个过程称为解码。如果编码和解码两个过程所使用的规则不一致，则会导致原来的字符错误地转换为其他字符，从而出现乱码。

最早通用的编码系统为美国国家标准协会制定的 ASCII（American Standard Code for Information Interchange，美国信息交换标准代码）。ASCII 是基于拉丁字母的一套计算机编码系统，主要用于显示现代英语，是现今最通用的单字节编码系统。ASCII 字符集包括一些控制字符（〈Enter〉键、退格或换行符等）和可显示字符（包括英文大小写字母、阿拉伯数字和西文符号）。ASCII 编码使用 7 位（bits）来表示一个字符，共 128 个字符。之前介绍的字符串中的字符均采用 ASCII 编码。

ASCII 编码的最大缺点是编码的字符集太小，只能用于显示现代英语。后来，又出现了 ASCII 的扩展版本——EASCII（Extended ASCII，扩展 ASCII），它使用 8 位（bits）来表示一个字符，共 256 个字符，使之能够编码其他西欧语言和一些制表符，然而对其他语言仍然无能为力。

ASCII 编码和 EASCII 编码建立之后，能够很好地应用于美国及一些西方国家，但中国却需要建立一套自己的编码系统来支持汉字的计算机处理。因此，中国制定了 GB2312 编码。

GB2312 编码是中国国家标准简体中文字符集，于 1981 年 5 月 1 日起实施。以 ASCII 为基础，规定一个十进制值不大于 127（即二进制数 01111111）的字符与 ASCII 编码相同，而十进制值大于等于 128（即字节首位为 1）的字符需要两个字节连在一起来表示一个字符。这样就组合出 7000 多个字符用来编码简体汉字，以及一些数学符号、罗马字母、希腊字母、日文假名和“全角符号”。

GB2312 编码通行于中国及新加坡等地，基本满足了汉字的计算机处理需求。但由于其没有收录繁体字及一些罕见字，微软公司利用 GB2312 未使用的编码空间制定了 GBK 编码，添加收录了罕见字、繁体字、日语汉字及朝鲜汉字等。GBK 编码是 GB2312 编码的扩展，最早用于实现 Windows 95 简体中文版。

与中国一样，世界上其他国家也纷纷建立了自己的编码方案来支持自己语言文字的编码。例如，日本制定了 Shift_JIS 编码，韩国制定了 Euc-kr 编码。这些编码标准不可避免地会出现冲突，从而在跨语言的环境中就会出现乱码现象。为了解决传统的字符编码方案的局限，国际组织制定了 Unicode 标准。Unicode 为世界上每种语言中的每个字符都设定了统一且唯一的二进制编码，以满足跨语言、跨平台进行文本转换、处理的要求。

Unicode 编码完美地解决了多编码标准混乱的问题，但由于 Unicode 的一个字符会占用多个字节（一般字符会占用两个字节，一些生僻字符可能占用 4 个字节），如果文本中的内容基本上都是英文的话，使用 Unicode 编码比 ASCII 编码会占用更多的存储空间。出于节约存储空间的目标，又出现了针对 Unicode 字符集的可变长编码方案，如 UTF-8。

UTF-8（8-bit Unicode Transformation Format）编码根据不同字符的使用频率将不同字符编码为不同长度：拉丁文仍被编码为 1 个字节并且与 ASCII 编码一致，汉字一般被编码为 3 个字节，只有很生僻的字符才会被编码为 4～6 个字节。在现代计算机系统中，在内存中一般使用 Unicode 编码；而当保存在硬盘或通过网络进行数据传输时，就转换为 UTF-8 编码以节约空间。

表 8-2 展示了英文字符“a”、汉字“我”和希腊字母“π”在不同编码方案中的存储方式。

表 8-2　不同字符在各个编码方案中的存储方式（二进制）

字符	ASCII	GBK	Unicode	UTF-8
'a'	01100001	01100001	00000000 01100001	01100001
'我'	无法编码	11001110 11010010	01100010 00010001	11100110 10001000 10010001
'π'	无法编码	10100110 11010000	00000011 11000000	11001111 10000000

8.5.2　使用 Python 处理中文

在前一小节中已经介绍了字符是如何编码的。那么如何使用 Python 来处理中文呢？

Python 从 2.0 版本开始给出了 Unicode 对象来存储 Unicode 字符串。要在 Python 中创建

Unicode 字符串，需要在字符串前添加字母 u 作为标记，代码如下。

```
str1 = u"Hello World"
str2 = u"你好世界"
```

因此，使用 Unicode 字符串可以在程序中存储并处理中文字符。在 Python 3.X 版本中，所有字符串均以 Unicode 方式存储，不再区分普通字符串和 Unicode 字符串两种类型。

另外，在本地化编码为中文的系统中（如 Windows 中文版），也可以用 GBK 编码来处理中文字符，此时的字符串不为 Unicode 类型。例如，图 8-3 和图 8-4 分别显示了在中文版 Windows 的命令提示符环境（该环境默认编码为 GBK）下，使用 Unicode 字符串和普通字符串处理中文的方式。

图 8-3　Python 处理 Unicode 编码的汉字

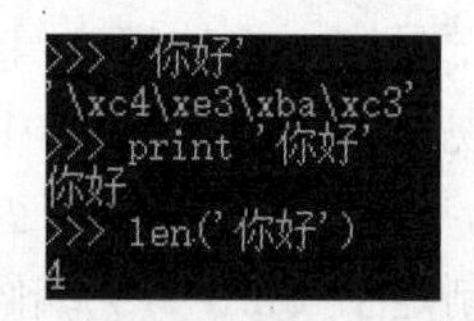

图 8-4　Python 处理 GBK 编码的汉字

通过两图的对比可以看出，同一个内容的字符串在两种编码环境下虽然都能够正确显示，但其编码结果并不相同。len 函数识别 Unicode 字符串时显示该串长度为 2，原因是一个汉字对应一个 Unicode 字符；但识别 GBK 编码的双字节汉字时却显示该串长度为 4，原因是解释器仍把其当作 ASCII 编码的字符来处理，只不过在显示字符串时能够根据系统编码进行正确解码。

建议在 Python 中处理中文时使用 Unicode 字符串来存储。这是因为 Python 解释器会将使用 GBK 存储的汉字认为是两个 ASCII 字符，这样在执行计算字符串长度、遍历字符串等操作时都会造成意料之外的结果。

然而，如果将 Python 代码存储为一个.py 文件执行或者在 IDE 中编写执行的话，即使使用 Unicode 字符串来存储中文，仍然可能出现一些意想不到的结果。例如，在文件中保存下面一句简单的 Python 语句。

```
print u'你好世界'
```

执行文件也会出现以下错误。

```
SyntaxError: Non-ASCII character '\xe4' in file D:/Projects/Python/newPython/main.py on line 1, but no encoding declared;
```

这是因为代码以文本方式存储在文件中，当 Python 解释器逐行读取代码文件时，不能理解此处非 ASCII 编码字符的含义，因此抛出一个错误。要防止这种情况的发生，需要告知 Python 解释器以哪种编码格式来读取源码。可以在代码文件的开头添加这样一行注释，代码如下。

```
#coding:utf-8
```

这行注释会告诉编辑器该代码文件是以 UTF-8 格式进行编码的，这样解释器就能正确读取其中的汉字。需要注意的是，此处的编码格式声明必须与文件存储的编码格式一致。如果代码文件不是以 UTF-8 格式而是以 GBK 格式编码，那么应该将文件编码格式声明为 GBK，代码如下。

```
#coding:gbk
```

8.6 正则表达式

正则表达式可以用来搜索、替换和解析字符串。正则表达式遵循一定的语法规则，使用灵活且功能强大。Python 在标准库中提供了 re 模块来实现正则表达式的验证。

8.6.1 正则表达式简介

正则表达式（Regular Expression）又称规则表达式，通过一个字符序列来定义一种搜索模式，主要用于字符串模式匹配或字符串匹配（即查找和替换操作）。一个正则表达式由字母、数字和一些特殊符号组成，这些符号的序列组成一个“规则字符串”，用来表示满足某种逻辑条件的字符串。

给定一个正则表达式和一个普通字符串，可以进行以下操作。

- 判断普通字符串（或其子串）是否符合正则表达式所定义的逻辑（字符串与正则表达式是否匹配）。
- 从字符串中提取或替换某些特定部分。

许多编程语言都对正则表达式提供了不同程度的支持。图 8-5 展示了使用正则表达式进行匹配的流程。

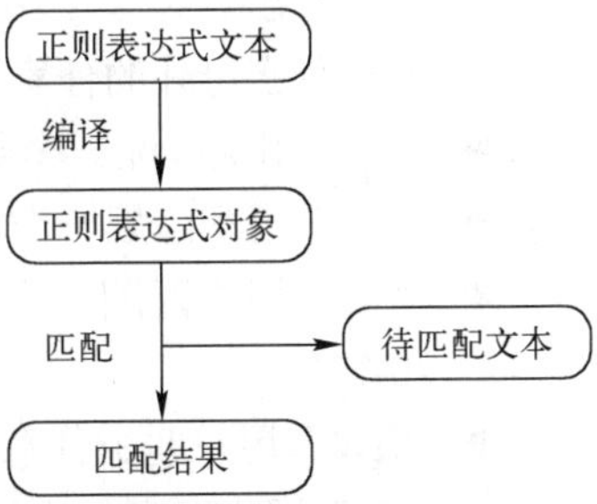

正则表达式文本
编译
正则表达式对象
匹配
待匹配文本
匹配结果

图 8-5 正则表达式匹配流程

正则表达式由普通字符和一些元字符（metacharacters）组成。元字符是在正则表达式中具有特殊含义的字符，用来匹配一个或若干个满足某种条件的字符。这些元字符是构成正则表达式的关键要素。下面分类列出了最常用的元字符及其含义。

1. 数量限定符

- “*”用来匹配前面的子表达式任意多次（0 到多次）。例如，正则表达式“ab*”能匹配字符串“ab”，也能匹配“a”或“abbb”。
- “+”用来匹配前面的子表达式一次或多次。例如，正则表达式“ab+”能匹配字符串“ab”或“abbb”，但不能匹配“a”。
- “?”用来匹配前面的子表达式零次或一次。例如，正则表达式“ab?”能匹配字符串“a”或“ab”，但不能匹配“abbb”。
- “{n}”用来匹配前面的字符串 n 次，n 是一个非负整数。例如，正则表达式“ab{3}”只能匹配字符串“abbb”，不能匹配“a”或“ab”。
- “{n,}”用来匹配前面的字符串至少 n 次，n 是一个非负整数。例如，正则表达式“ab{3,}”能匹配字符串“abbb”或“abbbb”，但不能匹配“a”或“ab”。
- “{n,m}”用来匹配前面的字符串至少 n 次，至多 m 次，m 和 n 为非负整数且 n≤m。例如，正则表达式“ab{1,3}”能匹配字符串“ab”或“abbb”，但不能匹配“a”

或“abbbb”。

- “?”跟在前面所述的任何一个数量限定符后面时，表示匹配模式是非贪婪的，即尽可能少地匹配字符串。而默认情况下，匹配是贪婪的，即尽可能多地匹配所搜索的字符串。例如，对于字符串“abbbbbb”，正则表达式“ab{1,3}”匹配其子串的结果为“abbb”，而正则表达式“ab{1,3}?”匹配其子串的结果为“ab”。

2．字符限定符

- “[$m_1m_2…m_n$]”表示一个字符集合（m_1、m_2 等均为单个字符）可以匹配集合中的任意一个字符。例如，正则表达式“[abe]”可以匹配字母“a”“b”或“e”。
- “[^$m_1m_2…m_n$]”表示一个负值字符集合，可以匹配集合之外的任意一个字符。例如，正则表达式“[^abe]”可以匹配字母“c”“v”或“0”等字符，但不能匹配“a”“b”和“e”。
- “[m-n]”表示一个字符范围集合，可以匹配指定范围内的任意字符，即字符 m～n 之间的所有字符（包含 m 和 n）。例如，正则表达式“[a-z]”可以匹配任意一个小写英文字母。另外，这一用法很灵活，允许多个范围集合或字符集合出现在一个中括号内。例如，正则表达式“[0-9a-z]”可以匹配任意一个小写英文字母或数字，而正则表达式“[ac-eg]”可以匹配字符“a”“c”“d”“e”或“g”。
- “[^m-n]”表示一个负值字符范围集合，可以匹配指定范围外的任意字符。例如，正则表达式“[^a-z]”可以匹配任意一个非小写字母的字符。同样，这一用法也允许多个集合出现在一个中括号内。例如，正则表达式“[^0-9a-zA-Z]”可以匹配除数字和大小写字母外的任意一个字符。
- “\d”用来匹配一个数字字符，相当于“[0-9]”。
- “\D”用来匹配一个非数字字符，相当于“[^0-9]”。
- “\w”用来匹配一个单词字符（包括数字、大小写字母和下画线），相当于“[A-Za-z0-9_]”。
- “\W”用来匹配任意一个非单词字符，相当于“[^A-Za-z0-9_]”。
- “\s”用来匹配一个不可见字符（包括空格、制表符和换行符等）。
- “\S”用来匹配一个可见字符。
- “.”用来匹配一个任意字符。

3．定位符

- “^”用来匹配输入字符串的开始位置。
- “$”用来匹配输入字符串的结束位置。
- “\b”用来匹配一个单词边界（即单词和空格之间的位置）。事实上，所谓的单词边界不是一个字符，而只是一个位置。例如，正则表达式“lo\b”可以匹配“Hello World”中的“lo”子串，但不能匹配“lower”中的“lo”子串。
- “\B”用来匹配一个非单词边界。例如，正则表达式“lo\B”可以匹配“lower”中的“lo”子串，但不能匹配“Hello World”中的“lo”子串。

4．分组符

- “()”将括号之间的内容定义为一个组（group），并且将匹配这个表达式的字符保存到一个临时区域。一个组也是一个子表达式，例如，正则表达式“(ab){3}”可以匹配字符串“ababab”。这种方式定义的组可以被整数索引进行访问。

- “(?P=<name>…)”也用来定义一个组。这种方式定义的组可以被组名索引进行访问，访问方式为"(?P=name)"。注意这个元字符只在 Python 中被定义，其他编程语言中并没有对其定义。

5．选择匹配符

- “|”用来将两个匹配条件进行逻辑“或”运算。例如，正则表达式“(her|him)”可以匹配字符串“her”或“him”。

6．转义符

- “\”用来和下一个字符组成转义字符表示一些特殊含义。例如，“\n”用来匹配一个换行符。另外，要匹配构成元字符的字符时，也需要在前面加上“\”来进行转义。例如，正则表达式“\|”用来匹配字符“|”；正则表达式“\\”用来匹配字符“\”；正则表达式“\[”用来匹配字符“[”等。

8.6.2 使用 re 模块处理正则表达式

在介绍 re 模块之前，需要讨论一个在 Python 中编写正则表达式字符串时应该注意的问题。在 Python 字符串和正则表达式的规则中，反斜线（\）都表示转义字符，这就意味着从原始的 Python 字符串到建立正则表达式对象的过程中要经过两次转义过程。加入要匹配单个的反斜线字符“\”，就需要正则表达式“\\”来匹配，而 Python 对于每个反斜线字符都需要进行一次转义，所以在 Python 中需要创建字符串“\\\\”来转换为正则表达式，以匹配一个反斜线字符。

Python 字符串和正则表达式的两次转义过程会使得人们在 Python 中编写正则表达式时非常困惑，因此推荐另一种方式，即在字符串前添加字母“r”来取消 Python 的转义字符。这样 Python 字符串就和正则表达式的字符串内容完全一致了。例如，同样匹配单个反斜线“\”时，只需要在 Python 中创建正则表达式字符串“r'\\'”即可。

Python 在标准库中提供了 re 模块来处理正则表达式。re 模块提供了一些函数、常量，以及 RegexObject、MatchObject 两个类来对正则表达式进行查找、替换或分隔字符串等操作提供支持。

1．re 模块的常用函数与常量

re 模块常用的函数如下。

re.compile(pattern, flags=0)

这个函数将正则表达式模式编译为一个正则表达式对象并返回，该对象可以以成员函数方式来调用下面所述的函数。可选参数 flags 将在后面进行介绍，下同。

re.search(pattern, string, flags=0)

这个函数将扫描字符串 string，找到第一个与正则表达式 pattern 匹配的位置，并返回对应的 MatchObject 对象。如果不存在一个匹配，则返回 None。

re.match(pattern, string, flags=0)

这个函数将扫描字符串 string 开头的若干个字符是否匹配正则表达式 pattern，如果匹配则返回对应的 MatchObject 对象，否则返回 None。

re.split(pattern, string, maxsplit=0, flags=0)

这个函数将字符串 string 以正则表达式 pattern 的匹配项为分隔符进行拆分，并返回拆分后的字符串列表。可选参数 maxsplit 大于 0 时表示最大的拆分数量。例如，调用 re.split(r"\W+", "wordA, wordB, wordC")将返回字符串列表['wordA', 'wordB', 'wordC']。

re.findall(pattern, string, flags=0)

这个函数会以列表形式返回所有非重叠匹配正则表达式 pattern 的 string 的子串。字符串 string 从左到右扫描，匹配按照被发现的顺序添加到待返回的列表中。如果正则表达式 pattern 只包含一个组（用小括号括起来的部分），则返回的列表为该组的匹配；如果 pattern 包含多个组，则返回的列表为元组的列表。例如，调用 re.findall(r"ab*", "cabbabbb")将返回列表['abb', 'abbb']；调用 re.findall(r"a(b*)", "cabbabbb")将返回列表['bb' ,'bbb']；调用 re.findall(r"(a)(b*)", "cabbabbb")将返回列表[('a', 'bb') ,('a', 'bbb')]。

re.sub(pattern, repl, string, count=0, flags=0)

这个函数用来将字符串 string 对正则表达式 pattern 的每个非重叠匹配项替换为字符串 repl，并返回替换后的新串。例如，调用 re.sub(r"ab*", "z", "cabbabbb")会返回字符串“czz”。另外，参数 repl 还可以是一个单参数的函数，接收匹配串作为参数并返回新串以替换。

re.subn(pattern, repl, string, count=0, flags=0)

这个函数与 sub 函数功能很相似，但返回一个元组(new_string，number_of_subs_made)，分别表示替换后的新串与替换匹配的次数。

上述函数中都包含一个可选参数 flags。re 模块定义了一些常量来传递给 flags 参数，用于设置一些匹配的附加选项，如是否忽略大小写、是否为多行匹配等。如表 8-3 给出了这些常量的名称及其含义。

表 8-3 re 模块定义的常量

常量名	描 述
I 或 IGNORECASE	执行不区分大小写的匹配
L 或 LOCALE	将字符集本地化
M 或 MULTILINE	多行匹配。“^”匹配行首；“$”匹配行尾
S 或 DOTALL	使“.”匹配包括换行符在内的所有字符（默认不匹配换行符）
U 或 UNICODE	将字符集设定为 Unicode
X 或 VERBOSE	忽略正则表达式中的空白字符

这些常量用来传递给上面所介绍的函数中的 flags 参数作为匹配时的选项。例如，执行 re.findall(r"[a-z]+", "Hello World", re.I)将返回列表['Hello', 'World']。当多个选项需要同时被设定到一个匹配时，使用按位或运算符（|）将这些常量进行运算后传递给 flags 参数。例如，执行 re.findall(r"^.+$", "Hello\n World", re.M|re.S)将返回单元素列表['Hello\n World']。

2．re 模块中的两类对象

re 模块中定义了两个类来支持正则表达式的操作：RegexObject 类和 MatchObject 类。RegexObject 类是正则表达式字符串编译后得到的正则表达式对象；而 MatchObject 类则封装了正则表达式的匹配结果。

使用 re.compile 函数对正则表达式字符串进行编译后，可得到 RegexObject 类的正则表达式对象。事实上，使用正则表达式对象进行匹配要比使用正则表达式字符串进行匹配的效率更高。因此，如果需要用一个正则表达式进行多次匹配，建议将其编译为正则表达式对象后再进行匹配。RegexObject 类的成员如表 8-4 所示，可以通过“对象名.成员名”的方式进行访问或调用。

表 8-4　RegexObject 类的成员列表

成　员	描　述
flags	正则表达式匹配时的选项
groups	正则表达式中要捕获的组的数量
groupindex	一个字典结构，存储名称索引的组信息（名称以“?P<id>”方式定义）
pattern	编译前的正则表达式字符串
search(string[, pos[, endpos]])	与 re.search(pattern, string)作用类似。可选参数 pos 和 endpos 表示匹配的限定范围
match(string[, pos[, endpos]])	与 re.match(pattern, string)作用类似。可选参数 pos 和 endpos 表示匹配的限定范围
split(string, maxsplit=0)	与 re.split(pattern, string, maxsplit=0)作用相同
findall(string[, pos[, endpos]])	与 re.findall(pattern, string)作用类似。可选参数 pos 和 endpos 表示匹配的限定范围
sub(repl, string, count=0)	与 re.sub(pattern, repl, string, count)作用相同
subn(repl, string, count=0)	与 re.subn(pattern, repl, string, count)作用相同

MatchObject 类对象通过 match 和 search 函数返回而得到，封装了匹配结果的信息。通过访问 MatchObject 类对象的成员，就可以对匹配结果进行分析。MatchObject 类的成员如表 8-5 所示。

表 8-5　MatchObject 类的成员列表

成　员	描　述
pos	传递给 RegexObject 类 search 或 match 成员函数的 pos 参数值
endpos	传递给 RegexObject 类 search 或 match 成员函数的 endpos 参数值
lastindex	匹配结果中整数索引组的最大编号
lastgroup	匹配结果中名称索引组的最大编号
re	获取产生此匹配结果的 RegexObject 对象
string	获取进行匹配的字符串
group([group1, ...])	返回匹配结果的组内容。参数可以为一个或多个（多个则返回元组），可以是整数索引的组或名称索引的组
groups([default])	返回所有组内容的元组
groupdict([default])	以字典结构返回所有名称索引的组结果
start([group])	返回匹配开始位置在 string 中的下标
end([group])	返回匹配结束位置在 string 中的下标
span([group])	对于 MatchObject 类对象 m，返回二元组(m.start(group), m.end(group))

8.7 实例：使用正则表达式进行程序设计

8.7.1 用户注册信息格式校验

当注册一个网站时，经常需要输入用户名、密码和电子邮箱等信息，而网站一般对这些注册信息的长度和格式都有要求。当输入不符合格式的信息时，网站会自动提示输入信息格式有误，如图 8-6 所示。

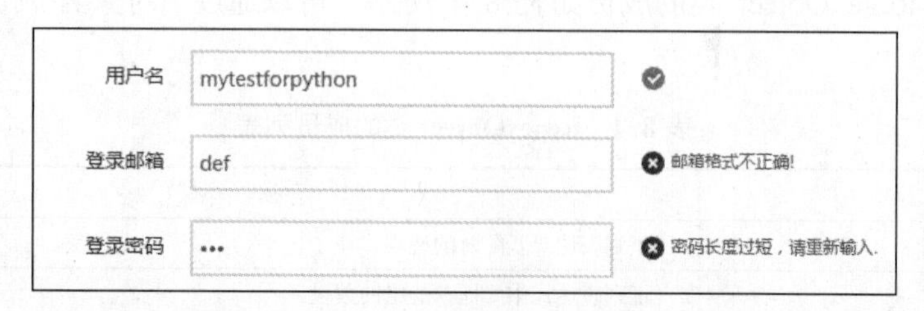

图 8-6 网站校验用户信息格式

假设对于某网站，要求用户输入用户名、密码及电子邮箱。用户名要求长度为 4～20，只能包含数字、字母及下画线，且必须以字母开头；密码要求长度为 6～20，只能包含数字和字母，且必须含有至少一个数字和一个字母；电子邮箱需要符合格式要求。

如果用一般代码来校验这些信息，可能需要很复杂的条件判断才能完成。但使用正则表达式就可以很简单地完成校验。代码清单 8-5 给出了一个使用正则表达式校验信息格式的示例程序。

代码清单 8-5

```
1  import re
2  if __name__ == '__main__':
3  #校验用户名
4  id = raw_input("ID:")
5  while not re.match(r"^[a-zA-Z][a-zA-Z0-9_]{4,20}$", id):
6  print "Invalid ID."
7  id = raw_input("ID:")
8  else:
9  print "Valid ID."
10 #校验密码
11 pwd = raw_input("Password:")
12 if not re.match(r"^(?![a-zA-Z]+$)(?![0-9]+$)[0-9a-zA-Z]{6,20}$", pwd):
13 print "Invalid Password."
14 pwd = raw_input("Password:")
15 else:
16 print "Valid ID."
17 #校验电子邮箱
18  email = raw_input("E-mail:")
19  while not re.match(r"^[a-zA-Z0-9_]+@[a-zA-Z0-9_]+(\.[a-zA-Z0-9_]+)+$", email):
20   print "Invalid E-mail."
```

```
21    email = raw_input("E-mail:")
22    else:
23     print "Vaild E-mail"
```

【输出结果】

```
ID:1234567
Invalid ID.
ID:abc_123
Valid ID.
Password:123456
Invalid Password.
Password:12345a
Valid ID.
E-mail:123456
Invalid E-mail.
E-mail:123@qwe.com
Vaild E-mail
```

在代码清单 8-5 中，程序分别用了三个正则表达式来校验用户名、密码和电子邮箱。其中，校验密码的正则表达式中的“(?!...)”符号表示正向否定预查，即不实际匹配字符，但预言这一位置后的字符串不满足该符号中的条件。“(?![a-zA-Z]+$)”表示这一位置后面之后全为字母，“(?![0-9]+$)”则表示这一位置之后不会全为数字。

8.7.2 模拟 scanf 函数

学习过 C 或 C++的读者应该都了解 scanf 函数。scanf 函数通过一些格式说明符来格式化提取用户输入中的部分内容。Python 目前没有相当于 scanf 的函数，但可以利用正则表达式来设计一个类似 scanf 的函数。

要模拟 scanf 函数，需要将 scanf 函数中的格式说明符与正则表达式进行对应，如表 8-6 所示。

表 8-6 scanf 函数格式说明符对应的正则表达式

scanf 函数格式说明符	正则表达式
%c	.
%d	[-+]?\d+
%f	[-+]?(\d+(\.\d*)?|\.\d+)([eE][-+]?\d+)?
%i	[-+]?(0[xX][\dA-Fa-f]+|0[0-7]*|\d+)
%o	[-+]?[0-7]+
%s	\S+
%u	\d+
%x	[-+]?(0[xX])?[\dA-Fa-f]+

模拟 scanf 的样例程序如代码清单 8-6 所示。

代码清单 8-6

```
1    import re
2    def scanf(format):
3    #将 scanf 中格式控制符修改为正则表达式
4    format = re.sub("%%", r"%", format)
5    format = re.sub("%c", r"(.)", format)
6     format = re.sub("%d", r"([-+]?\d+)", format)
7    format = re.sub("%f", r"([-+]?(\d+(\.\d*)?|\.\d+)([eE][-+]?\d+)?)", format)
8    format = re.sub("%i", r"([-+]?(0[xX][\dA-Fa-f]+|0[0-7]*|\d+))", format)
9    format = re.sub("%o", r"([-+]?[0-7]+)", format)
10    frmat = re.sub("%s", r"(\S+)", format)
11    format = re.sub("%u", r"(\d+)", format)
12    format = re.sub("%x", r"([-+]?(0[xX])?[\dA-Fa-f]+)", format)
13    format = '^' + format + '$'
14   #接收输入并返回组
15   s = raw_input()
16    result = re.match(format, s)
17   return result.groups()
18   if __name__ == '__main__':
19    print scanf("%d %d %d")
```

【输出结果】

```
1 2 3
('1', '2', '3')
```

习题

一、简述题

1. 字符串支持哪些基本操作？试举例说明。

2. 字符串支持的%操作符有何意义？

3. 试简述字符编码与字符的关系。

二、实践题

1. 早期手机的键盘如图 8-7 所示。要输入英文字母，需要按下键盘上所对应的数字键。例如，字母 J 对应 5 键，S 对应 7 键，而空格对应 0 键。现要求编写程序，用户输入一个只包含大写字母与空格的字符串，程序输出对应的键盘上数字的字符串。

例如，用户输入字符串“HELLO WORLD”，则程序应当输出“43556096753”。

2. 编写程序，用户输入一个十六进制表示的数字，程序输出对应的十进制数。例如，用户输入“12CF”，则程序应输出“4815”。

图 8-7　早期手机键盘

3. 编写一个函数来返回两个字符串的最长公共前缀。例如，“dislike”和“discourage”的最长公共前缀是“dis”。将函数头定义为如下所示。

```
def lcp(s1, s2):
```

4. 一些网站对用户输入的密码有一定的要求。编写函数来检测用户输入的一个字符串是否为合法的密码。

假设密码规则如下。

- 至少包含 8 个字符。
- 密码只能包含英文字母、数字和下画线。
- 在大写字母、小写字母和数字这三类字符中，密码至少包含两类。

程序提示用户输入一段字符串作为密码，如果密码合法就输出“Valid password”，否则输出“Invalid password”。

第 9 章　面向对象编程

本章主要介绍 Python 语言最重要的特性之一：面向对象。首先介绍面向对象编程的概念；然后对于类和对象这两个概念分别给出详细的说明和具体的实例；再介绍面向对象的三大特性，即继承、访问控制和多态；最后对其特殊的属性与方法进行详细的阐述。

9.1　面向对象编程的概念

在现代编程开发中，“面向对象编程”是经常被提及的概念。那么，什么是面向对象编程呢？

在了解面向对象编程之前，先来回顾之前的编程方式。在之前编写的程序中，首先将问题分解成一步一步的操作，再按照操作的流程编写代码。这种编程思想被称为“面向过程编程”。面向过程编程的思想是最为直接的，它的好处在于思路更加清晰，更加符合程序执行的顺序。然而，在程序趋于复杂时，很多问题就会显现出来。

- 不易复用：当一个功能或对象需要在多个位置重复使用时，使用面向过程的编程方式需要将对应的代码复制多次，不易于编辑与修改。
- 不易拓展：当需要为之前的程序添加新功能时，使用面向过程的编程方式就会显得复杂，在拓展新功能时，很容易出现命名冲突、内存管理不当等问题。
- 不易维护：当被复制多次的代码需要修改时，显然，准确修改多处将大大地提高工作量并更容易出现人为的 Bug。

在使用面向过程编程时，为了解决这些问题，将重复的代码封装成函数，在一定程度上避免了以上一些问题，但是当程序逐渐复杂时，函数式的开发很难满足开发者的需求。因此，“面向对象编程”的思想被提出来用于解决以上的问题。

“面向对象”（Object Oriented，OO）思想与以往的“面向过程”有很大区别，在“面向对象”的思想中，更多关心的是对象所具有的属性与方法，而不是事件的过程。以开车为例，按照以往“面向过程”的编程方法，想要发动车辆，需要按照以下流程思考，举例如下。

1）点火。

2）踩离合。

3）踩油门。

4）松离合。

而“面向对象”的思想，考虑的不是如何发动车辆，而是车上具有哪些可操作的零件来帮助发动，举例如下。

- 汽车中有钥匙孔用来点火。
- 汽车中有离合器用来控制齿轮。

● 汽车中有油门用来控制发动机。

当提供了这些“零件”，使用者可以根据它们的使用方法来发动车辆。同时，当以汽车为中心完成设计时，还可以使用这个设计好的“模板”来制造很多同类的汽车，它们可能只有少数的属性和功能有差异，但大致上都符合汽车这类物体。从编程的角度来看，实际上是在对汽车这个类型进行封装与复用。

可见，面向对象的思想更加符合自然中人们思考设计一类产品时的思想：它有哪些属性、它有哪些功能（方法）。由此可见，“属性”和“方法”是一个类最基本的特征，而根据这个类，可以创建出很多对象，根据一个类创建的对象，称为这个类的“实例”。

前面提过，“属性”和“方法”从编程层面实际上是对类型的“封装”，“封装”也是“面向对象编程”的三大特性之一。除了“封装”，面向对象的特性还有“继承”与“多态”。接下来将围绕面向对象编程的这三个特性讲解。

9.2 类与对象

9.2.1 类与实例化

在上一节的例子中，设计了“汽车”这类物体，根据“汽车”这个类型，可以制造出很多类的汽车。实际上，这段话探讨的就是“类”与“对象”的关系。也就是说，“类”是对象的一种模板。例如，在 Python 中 Number 是一种类型，代码“a = 1”和“b = 2”中，变量 a 和 b 都是 Number 类型的对象，也就是 Number 的实例；但是二者的实例属性的值不同，在这里 a 的值是 1，b 的值是 2。

在面向对象编程中，类的编写方法是必须掌握的。

在使用自定义的类之前，需要声明一个类。声明类在 Python 中需要使用 class 关键字，如代码清单 9-1 所示。

代码清单 9-1

```
class 类名:
类的内容…
```

在类结构中，可以声明变量或者函数。类结构中的变量对应类的“属性”，类结构中的函数对应类的“方法”。在接下来的章节中，将介绍几种类的属性与方法。这里先从类的几个特殊的方法讲起。

创建类的对象的过程又称为类的实例化。当类实例化时与实例化结束后，Python 会调用类的两个特殊的函数：“构造函数”与“初始化函数”（当没有手动声明构造函数与初始化函数时，Python 会为其添加一个空的构造函数与初始化函数）。在初始化时，可以对创建的实例进行初始化。同样，当一个对象不再被使用时，Python 会调用该类的“析构函数”，在析构函数中可以对该对象使用的资源进行释放。

9.2.2 初始化函数与析构函数

Python 中初始化与虚构函数有固定的函数名，初始化的函数名为“__init__”，析构函数的函数名为“__del__”。每个类最多只能有一个初始化函数和一个析构函数。构造函数与析构函数都是类的“实例方法”（实例方法的具体概念将在后面进行介绍），也就是说二者的第一个参数都应该是一个指向实例本身的 self 参数。在初始化函数中，还可以为其指定参数用来对实例初始化，而析构函数不能有额外的参数。通过下面的例子学习初始化函数与析构函数的使用，如代码清单 9-2 所示。

代码清单 9-2

```
1   class Car:
2       def __init__(self,number):
3   print "My Number is %s" % number
4   def __del__(self):
5   print "I am destroyed !"
```

在这段代码中，声明了 Car 类并为其添加初始化函数与析构函数，并在初始化函数中接收了一个参数 number。在 Car 类被实例化时，它将输出一个字符串与 Number；在 Car 类的实例销毁时，它同样会输出另一个字符串。

上面的代码中只声明了类却没有使用它，下面来将 Car 类实例化。实例化类的方法很简单，只需要在类名后使用括号，并在括号中填入初始化时需要的参数即可。这里需要注意的是 self 参数，self 参数是不需要人为传入的，Python 会在调用实例方法时自动传入 self 参数。self 参数是调用这个实例方法的实例本身的引用，即哪个对象调用了带有 self 参数的方法，self 就会指代谁。下面创建一个 Car 类的对象 c，并传入它的牌照参数 10001，如代码清单 9-3 所示。

代码清单 9-3

```
1   class Car:
2       def __init__(self,number):
3   print "My Number is %s" % number
4   def __del__(self):
5       print "I am destroyed !"
6       c = Car("10001")
```

这段代码执行后，会得到如图 9-1 所示的输出。

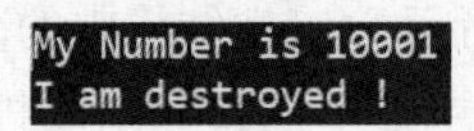

图 9-1　实例化对象

可以看到，当 Car 类对象 c 被实例化后，初始化函数被调用，输出了“My Number is 10001”；当程序执行结束对象 c 被销毁时，析构函数输出了“I am destroyed !”。

“类”与“对象”是面向对象编程的基石。而类的“属性”和“方法”是一个类最基本的特征。接下来将探讨类的“属性”与“方法”。

9.2.3　类的属性

在 Python 中，类的属性可以分为两种，一种是“类属性”，另一种是“实例属性”。无论“类属性”还是“实例属性”，描述的都是一个类的特征，它们的区别在于：“类属性”在该类及其所有的实例中是共享的；而“实例属性”在实例之间不共享，每个实例都拥有一个属于实例本身的“实例属性”。

下面还是以汽车为例，汽车的总数就可以看作汽车这个类的“类属性”，它被汽车这个类共享。而汽车的牌照则是汽车的“实例属性”，因为即使在同类汽车中，每个汽车都需要有自己的牌照，汽车之间的牌照互不影响。

在理解了“类属性”与“实例属性”后，下面来学习它们在 Python 中的表达方式。

“类属性”只需在声明中初始化即可，“类属性”会在类被导入时初始化。当使用一个类的类属性时，无论在类内还是在类外，只需要“类名.类属性名”即可（当然，由于 Python 的语言机制，也可以在类代码外部动态为类的类属性初始化，但是不推荐这种做法，因为如果在另一处使用这个类属性而它并未被初始化时，会引起 Python 的异常）。另外，由于 Python 的垃圾回收机制，类属性在析构时通过“类名.类属性名”的方式访问会出现引用异常，在析构函数中，应该使用“self.__class__.类属性名”的方式来访问类属性。

“实例属性”需要通过类的实例函数中的 self 参数访问和初始化，由于“实例属性”必须存在于一个类的实例中，所以无法在类外通过“类名.属性名”的方式直接访问，而是通过“对象名.实例属性名”进行访问。

下面通过改写之前的 Car 类代码来体会二者的区别，如代码清单 9-4 所示。

代码清单 9-4

```
1   class Car:
2       count = 0
3   def __init__(self,number):
4       Car.count += 1
5   self.number = number
6   print "My Number is %s" % number
7   def __del__(self):
8     Self.__class__.count -= 1
9   print "I am destroyed ! My number is %s " % self.number
10  print Car.count
11  c1 = Car("10001")
12  print Car.count
13  c2 = Car("10002")
14  print Car.count
```

在这段代码中，为 Car 类加入了一个类属性 count 并初始化为 0。在初始化函数与析构函数中对 Car.count 进行增减，当有一个 Car 类实例被构造或析构时，相应的函数将会被调用来调整 count 的值。同时，还为 Car 类的实例添加了一个实例属性 number，在初始化函数中“self.number = number”语句中，使用初始化函数的参数 number 的值来为实例属性 number 初始化；在析构时让其再次输出这个 number。

运行这段代码，将得到如图 9-2 所示的输出。

```
0
My Number is 10001
1
My Number is 10002
2
I am destroyed ! My number is 10002
I am destroyed ! My number is 10001
```

图 9-2　类属性与实例属性

9.2.4　类的方法

“方法”是指在类中定义的函数。Python 中的“方法”可分为三种：“实例方法”“静态方法”与“类方法”。

“实例方法”是类的实例所特有的方法，实例方法只能通过实例的引用进行调用，并且在实例方法中可以通过 self 参数直接访问调用该方法的实例本身。例如，类的初始化函数和析构函数都是实例方法，可以通过第一个参数 self 访问调用该方法的实例。在 Python 中，如果不使用特定的修饰器对类的函数进行修饰，在类中声明的方法默认为实例方法。实例方法需要在所有的参数之前添加一个指向调用该方法本身的参数，一般使用 self 作为该参数的名称。

“静态方法”既可以通过类名进行调用，也可以通过实例的引用进行调用。在 Python 中，静态方法在声明时需要使用修饰器“@staticmethod”修饰，即在函数声明的上一行中添加修饰器；同时，“静态方法”中不需要传入 self 参数，因此无法直接获取调用静态方法的对象的引用。Python 中的静态方法常用于工具函数的封装。例如，自定义计算工具类 cal，并定义静态方法 add 自定义的加法函数，如代码清单 9-5 所示。

代码清单 9-5

```
1   class cal:
2       @staticmethod
3   def add(x,y):
4       return x + y
5       print cal.add(1,2)
```

运行后，将输出“1”加“2”的结果：“3”。

“类方法”同样既可以通过类名进行调用，也可以通过实例的引用进行调用。但是类方法需要传入一个参数（常命名为 cls）作为调用该方法的类的引用。从这点上，类方法更像是实例方法，只不过它关注的不是调用该方法的对象而是类。Python 中的类方法需要使用修饰器“@classmethod”进行修饰。例如，编写如代码清单 9-6 所示的测试代码。

代码清单 9-6

```
1   class C:
2       name = 'C'
3       @classmethod
4   def foo(cls,content):
5       print '%s : %s' % (cls.name,content)
6   C.foo("Hello")
```

```
7    c = C()
8    c.foo('Bye')
```

在这段代码中，定义了类 C，它拥有一个类方法 foo。在类方法 foo 中，使用 cls 参数访问调用该方法的类的类属性 name。分别通过类方法和实例方法调用了该方法。这段代码运行后得到如图 9-3 所示的输出。

```
C : Hello
C : Bye
```

图 9-3　类方法测试

9.3　面向对象的三大特性

9.3.1　继承

在上一节中，分别介绍了 Python 中的类的各种属性、方法的区别与使用。在设计类的属性与方法时，实际上是在对类进行“封装”操作，即类的开发者将类功能的细节写在类中，只留出必要的属性与方法让类的使用者使用。这样，使用者只需要知道开发者提供了哪些接口，而不需要了解其内部的具体实现，这个过程即为“封装”。例如汽车，只需要知道转动方向盘可以转向，踩下油门可以加速，并不需要知道汽车中的每一个齿轮或电路的连接方式。在开发稍大的项目时，合适的封装显得尤为重要，因为封装可以提高复用性，方便维护与升级。

然而，有时需要比封装更加高级的功能来实现更复杂的类功能。例如，奔驰车和宝马车在一些属性和功能上有所不同，但是它们都是汽车，具有很多类似的功能与属性。如果单纯使用封装，需要把二者共有的属性和功能在各自的类中都重写一遍，这样对日后的维护很不友好，因此需要更高级的方式——“继承”。

“继承”是面向对象的第二个特性。与日常用语中的“继承”相似，如果一个“子类”继承于一个“父类”，“子类”即拥有父类的属性与方法，同时子类还可以拓展自己的属性或方法，因此，“父类”也称“基本类”或“基类”，“子类”也称“衍生类”或“派生类”。

在 Python 中，需要在定义子类时声明继承关系。在声明类时，在类名后使用小括号，在小括号中填入该类需要继承的类型名即可（这个括号本质是一个元组，也就是说 Python 中的一个类允许“多继承”，即一个子类继承多个父类）。例如，创建 Car 类并为其添加几个测试的属性与方法，再创建 BMW 类继承 Car 类，如代码清单 9-7 所示。

代码清单 9-7

```
1    class Car:
2        def __init__(self,number):
3            self.number = number
4            print 'Car %s is constructed !' % number
5    def horn(self):
6        print 'Di,Di... ...'
7    def move(self):
8        print 'Car %s is moving !' % self.number
9    class BMW(Car):
10   def __init__(self,number):
11       print 'Car %s is a BMW !' % number
```

```
12  b = BMW('10001')
13  b.horn()
14  #b.move()
```

这段代码的运行结果如图 9-4 所示。

```
Car 10001 is a BMW !
Di,Di... ...
```

图 9-4　继承

在这个例子中，BMW 类继承了 Car 类，因此 BMW 类也具有 Car 类中的属性与方法，所以可以在 BMW 类的实例中使用 Car 类的实例方法 horn。

但是，如果取消最后一行的注释，运行时将报错未定义属性 number，这是为什么呢？

在 Python 中，当子类没有声明初始化函数时，子类会自动执行父类的初始化函数；而当子类中声明了初始化函数时，子类不会自动调用父类的初始化函数，需要为其手动调用。因为子类的初始化函数与父类的初始化函数名相同，在调用父类同名的实例函数时，需要使用“类名.函数名”的方式调用，此时，需要手动传入 self 参数，而不能用“实例.函数名”的方式自动传入。下面对刚才的例子进行几处修改，如代码清单 9-8 所示。

代码清单 9-8

```
1   class Car:
2     def __init__(self,number):
3       self.number = number
4   print 'Car %s is constructed !' % number
5   def horn(self):
6     print 'Di,Di... ...'
7   def move(self):
8       print 'Car %s is moving !' % self.number
9   class BMW(Car):
10      def __init__(self,number):
11          Car.__init__(self,number)
12          print 'Car %s is a BMW !' % number
13  b = BMW('10001')
14  b.horn()
15  b.move()
```

修改后，BMW 的实例方法 move 可以正常访问 self.number 属性，如图 9-5 所示。

```
Car 10001 is constructed !
Car 10001 is a BMW !
Di,Di... ...
Car 10001 is moving !
```

图 9-5　手动调用父类初始化函数

子类除了可以直接调用父类的方法外，还可以重写父类方法。重写父类方法时，只需要在子类中声明与父类具有同样函数名、参数列表的方法即可，例如在 BMW 中重写 Car 类的 move 方法，如代码清单 9-9 所示。

代码清单 9-9

```
1   class Car:
2       def __init__(self,number):
```

```
3          self.number = number
4          print 'Car %s is constructed !' % number
5      def horn(self):
6          print 'Di,Di... ...'
7      def move(self):
8          print 'Car %s is moving !' % self.number
9
10     class BMW(Car):
11         def __init__(self,number):
12         Car.__init__(self,number)
13         print 'Car %s is a BMW !' % number
14     def move(self):
15         print 'BWM %s is moving !' % self.number
16     b = BMW('10001')
17     b.horn()
18     b.move()
```

运行后，输出结果如图 9-6 所示，对象 b 执行了重写后的 move 方法。

```
Car 10001 is constructed !
Car 10001 is a BMW !
Di,Di... ...
BWM 10001 is moving !
```

图 9-6　方法重写

子类只有一个父类的继承称为“单继承”，而子类具有多个父类的继承称为“多继承”。Python 同样支持多继承方法。单继承与多继承本质上的区别不大，但是多继承在寻找方法或属性时更加复杂。

在之前的例子中，使用的都是单继承方法。在单继承中，当调用一个类的方法时，Python 会在该类中寻找是否有对应的方法，如果没有，则会在其父类中搜索，以此类推，直到找到对应方法，否则将抛出异常。然而在多继承中，寻找一个方法或属性的顺序就重要得多。因为在一个类的多个父类中，可能出现同名的函数或方法，同时父类还可能存在自己的父类，在“父类的父类”中，也有可能存在同名的方法或属性，因此，按照什么顺序搜索属性或方法成为了多继承的一个问题。

在处理多继承问题的访问时，Python 2.X 中有以下规则。

- Python 2.X 中的类根据其基类被分为两种：经典类与新式类。其中新式类需要继承 Python 中的“object”类型，而经典类不需要。
- 在搜索属性或方法时，新式类采用广度优先搜索，而经典类采用深度优先搜索。

以图 9-7 中的类为例：图 9-7 左侧的类 A、B、C、D 都直接或间接地由 object 类衍生，因此左侧的类 A、B、C、D 均为新式类；图 10-7 右侧的类 A、B、C、D 没有由 object 衍生，因此它们为经典类。

在新式类中，查找属性或方法时，按照广度优先搜索，即当调用 D 类的对象中的 foo 方法时，Python 会按照“D”→“B”→“C”→“A”→“object”的顺序查找；在经典类中，按照深度优先搜索，即“D”→“B”→“A”→“C”的顺序查找。当需要的方法或属性被找到时，查找将停止并调用找到的方法或属性，如图 9-8 所示。

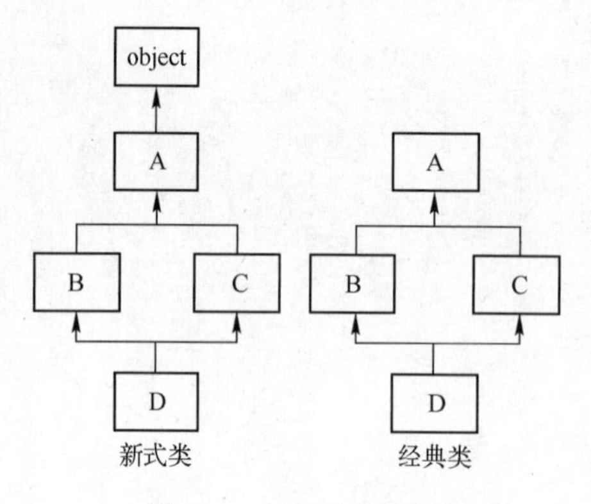

图 9-7　新式类与经典类

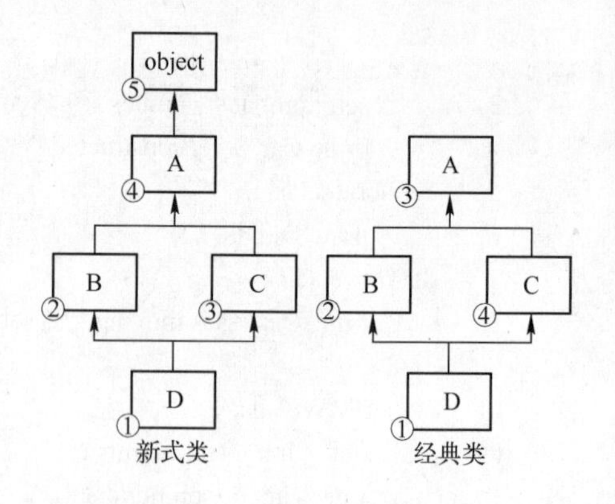

图 9-8　新式类与经典类的查找顺序

除了属性与方法的查找顺序，多继承中的初始化函数调用顺序同样是个问题。在单继承中，构造方法的调用规则比较简单：当子类没有声明初始化函数时，子类会自动执行父类的初始化函数；而当子类中声明了初始化函数时，子类不会自动调用父类的初始化函数，为其手动调用即可。而多继承中，调用规则如下。

- 如果子类中声明了初始化函数，则不会自动调用父类的初始化函数。
- 如果子类中没有声明初始化函数，则按照多继承查找方法的方式，调用找到的第一个初始化函数。

也就是说，多继承查找初始化函数时，同样是分别按照新式类与经典类查找一个方法的方式查找。下面通过一个例子来验证，如代码清单 9-10 所示。

代码清单 9-10

```
1   class A(object):
2       def __init__(self):
3           print "A"
4   class B1(A):
5       pass
6   class B2(A):
7       def __init__(self):
8           print "B2"
9   class C(B1,B2):
10      pass
11  c = C()
```

这段代码是一个新式类多继承的例子，因为它们都直接或间接地由 object 类衍生而来，此时，初始化函数的查找按照广度优先搜索的顺序，因此运行后的输出为 B2。

接下来，修改类 A，使它不再继承于 object 类，如代码清单 9-11 所示。

代码清单 9-11

```
1   class A():
2       def __init__(self):
```

```
3               print "A"
4       class B1(A):
5           pass
6       class B2(A):
7           def __init__(self):
8               print "B2"
9       class C(B1,B2):
10          pass
11      c = C()
```

此时，这些类都是经典类，因为它们不直接或间接继承于 object 类。经典类的查找按照深度优先搜索的顺序进行，因此，这段代码运行后将会输出 A。

然而，从上面的例子可以看出，当子类没有声明初始化函数时，Python 只会找到一个初始化函数来完成构造，这时便又出现了之前的问题：如何让子类的每一个父类都完成构造？显然，还是可以手动调用父类的初始化函数，如代码清单 9-12 所示。

代码清单 9-12

```
1       class A(object):
2           def __init__(self):
3               print "enter A"
4               print "leave A"
5       class B(A):
6           def __init__(self):
7               print "enter B"
8             A.__init__(self)
9             print "leave B"
10      class C(A):
11          def __init__(self):
12              print "enter C"
13            A.__init__(self)
14            print "leave C"
15      class D(B,C):
16          def __init__(self):
17              print "enter D"
18            B.__init__(self)
19            C.__init__(self)
20            print "leave D"
21      d = D()
```

这段代码运行后，得到如代码清单 9-13 所示的输出。

代码清单 9-13

```
1       enter D
2       enter B
```

```
3    enter A
4    leave A
5    leave B
6    enter C
7    enter A
8    leave A
9    leave C
10   leave D
```

可见，子类 D 的每个父类都完成了构造。然而，这里还存在一个问题。细心的读者可能发现，这里的 A 类被重复构造了两次。这是因为在类 B、C 中都调用了 A 类的初始化函数。这并不是希望得到的结果，我们希望子类的每个父类有且仅有一次构造。这时，需要使用 super 方法。

super 是 Python 2.X 中新式类特有的方法。使用“super.(父类名,自身引用)”可以访问其对应父类的方法。因此，在新式类中，也可以使用 super 的方式代替“父类名.方法名”的方式来调用同名父类方法。在初始化函数中使用 super 来构造父类，可以保证父类只被构造一次，如代码清单 9-14 所示。

代码清单 9-14

```
1    class A(object):
2        def __init__(self):
3            print "enter A"
4            print "leave A"
5    class B(A):
6        def __init__(self):
7            print "enter B"
8        super(B,self).__init__()
9        print "leave B"
10   class C(A):
11       def __init__(self):
12           print "enter C"
13       super(C,self).__init__()
14       print "leave C"
15   class D(B,C):
16       def __init__(self):
17           print "enter D"
18       super(D,self).__init__()
19       print "leave D"
20   d = D()
```

这段代码运行后的输出如代码清单 9-15 所示。

代码清单 9-15

```
1    enter D
2    enter B
```

```
3    enter C
4    enter A
5    leave A
6    leave C
7    leave B
8    leave D
```

可见，此时 A 类只被构造了一次。在多继承时，使用 super 构造父类是很重要的方法。而 super 实现的原理在于 Python 新式类中维护的 MRO 表，关于 MRO 表在这里不再详细讨论，感兴趣的读者可以自行查找资料来了解 MRO 表的相关知识。

9.3.2 访问控制

在介绍类的属性和方法时，把类与属性和方法的关系看作“封装”。然而，这种“封装”仍然是“不完善”的封装，因为还是可以在类外访问到类的所有属性与方法。然而，有时希望类的用户无法访问一些类的方法，那些属性与方法只能在类中或类的子类中被访问。就像汽车发动机的内部零件只有发明制造发动机的人才能看到。这时，需要引入 Python 面向对象中的访问控制。

Python 中的访问控制十分简单，它只有“公有（public）”与“私有（private）”的概念，而不像其他面向对象语言中还有“保护（protected）”属性。

Python 中的“公有”即无论在类中还是类外，都能访问修改属性，如代码清单 9-16 所示。

代码清单 9-16

```
1    class A:
2        def __init__(self):
3            self.name = 'A'
4        def foo(self):
5            print self.name
6    a = A()
7    a.foo()            #在类中访问属性
8    print a.name       #在类外访问属性
```

在这个例子中，分别在类 A 的 foo 函数与类 A 的实例 a 中访问了类 A 的实例属性 name。由于类 A 的实例属性 name 是公有变量，因此这两种访问方式都是可行的。

而“私有”是指只能在类内部访问而不能在类外或类的子类中访问的属性。在 Python 中，想要声明私有变量，只需要将变量名以两个短下画线“__”开头即可。需要注意的是，私有变量只能以两个下画线开头而不以两个下画线结尾，同时以两个下画线开头与结尾的是 Python 类的特殊属性和方法（如“__init__”），如代码清单 9-17 所示。

代码清单 9-17

```
1    class A:
2        def __init__(self):
3            self.__name = 'A'
```

```
4	    def foo(self):
5	        print self.__name
6	class B(A):
7	    def foo(self):
8	        print self.__name
9	a = A()
10	b = B()
11	a.foo()
12	#print a.__name #在类外访问私有变量，错误
13	#b.foo() #在类的子类中访问私有变量，错误
14	#print b.__name #在类的子类的类外访问私有变量，错误
```

在这个例子中，为类 A 添加了私有变量“__name”，它只有在类中（如 foo 函数中）可以访问，而在类外、子类中及子类外都无法直接访问，实现了对外的封装。需要注意的是，私有变量只是在类外或子类中无法访问，而其子类或实例仍含有这个变量。当然，这里的不能访问并不严谨，实际上，Python 解释器只不过为私有变量改了一下名称，仍可以通过改名后的变量名访问它，不过这里强烈不推荐这样做，因为它破坏了封装。

9.3.3 多态

通俗来说，多态是指将一个子类对象当作其父类对象来使用，因为子类对象含有父类的所有方法与属性。例如之前进行异常处理时，就尝试过使用父类异常代替子类来达到捕获多种异常的目的。例如，编写如代码清单 9-18 所示的例子。

代码清单 9-18

```
1	class Animal(object):
2	    def speak(self):
3	        print self.words
4	class Cat(Animal):
5	    def __init__(self):
6	        self.words = 'mew mew'
7	class Dog(Animal):
8	    def __init__(self):
9	        self.words = 'wow wow'
10	def speak(animal):
11	    animal.speak()
12	cat = Cat()
13	dog = Dog()
14	speak(cat)
15	speak(dog)
```

在这个例子中，在 speak 函数中调用了 Animal 类的 speak 方法，而 Cat 和 Dog 都继承于 Animal 类，因此其都有 speak 方法，可以将 Cat 和 Dog 的实例当作父类类型使用。

在编译类面向对象语言中，多态是十分重要的，因为多态为其提供了很大的灵活性。而

Python 是动态的解释型语言，对象的属性和方法只有在使用时才会被检查。因此，在 Python 中没有严格意义上的多态，只要一个类拥有对应的属性和方法，都可以通过类似多态的方式来使用。比如，在上个例子中，即使一个与 Animal 类无关的类的实例也有 speak 方法，这样使用也不会报错。因此，可以说 Python 不具有严格的多态。

9.4 特殊的属性与方法

除了自定义的属性和方法外，Python 中的类还有一些预设的特殊属性和特殊方法。这些属性或方法命名都以两个下画线起始与终止，如初始化函数“__init__”与析构函数“__del__”。这些属性和方法为操作类及它们的对象提供了很多的便利。本节中，将分别讲解常用的特殊属性和方法的使用。

Python 中类的常用特殊属性与方法如表 9-1 所示。

表 9-1 Python 常用的特殊属性与方法

名称	描述
可修改的特殊属性	
__slots__	一个包含字符串的元组，用来限制类允许添加的属性和方法名（只有在新式类中才能使用）
只读的特殊属性	
__doc__	类的文档
__name__	类名
__module__	类所在的模块名
__bases__	类的基类，以元组返回
__dict__	类的所有成员，以字典类型返回
特殊方法	
__init__	初始化函数
__del__	析构函数
__str__	对象字符串化函数
__repr__	对象字符串化函数（命令行）

9.4.1 __slots__属性

Python 作为一种动态的解释型语言，支持为类或对象动态添加属性或方法，如代码清单 9-19 所示。

代码清单 9-19

```
1   class Student(object):
2       Pass
3       s = Student()
4   s.name = 'Tom'
5   s.score = 100
```

在类的声明中，没有为其添加任何属性或方法，而是为 Student 类的实例 s 添加了 name 与 score 属性。这样添加是被允许的。

而有时想要限制允许添加的属性或方法，那么可以使用新式类的“__slots__”属性进行限制。“__slots__”属性是一个保存字符串的元组，使用“__slots__”属性后，只能为类的实例添加“__slots__”中包含的属性或方法。对之前的例子稍作修改，如代码清单 9-20 所示。

代码清单 9-20

```
1  class Student(object):
2      __slots__ = ('name','age')
3  s = Student()
4  s.name = 'Tom'
5  s.score = 100
```

此时，在执行到“s.score = 100”时，Python 会报错 Student 类对象没有 score 属性。

9.4.2 只读的特殊属性

除了可以设置的“__slots__”属性外，Python 中的类还有很实用的只读特殊属性。这些属性可以帮助开发者查看类的信息。在表 9-1 中，已经列出了这些只读的属性，这里通过代码实例实际验证一下这些特殊属性的作用，如代码清单 9-21 所示。

代码清单 9-21

```
1  class Student(object):
2      '''This is a sample doc.'''
3      name = None
4  pass
5  print Student.__doc__
6  print Student.__name__
7  print Student.__module__
8  print Student.__bases__
9  print Student.__dict__
```

这段代码运行后的输出结果如图 9-9 所示。

```
This is a sample doc.
Student
__main__
(<type 'object'>,)
{'__dict__': <attribute '__dict__' of 'Student' objects>, '__module__':
'__main__', '__weakref__': <attribute '__weakref__' of 'Student' objects>,
'__doc__': 'This is a sample doc.', 'name': None}
```

图 9-9　只读的特殊属性

输出的内容分别为类的文档、类名、类所在的模块名、类的基类和类的成员字典。

9.4.3 __str__()方法

在编程中，经常需要输出一个对象的信息或将其转换为字符串进行处理。“__str__()”方法为这些操作提供了很大的便利。

“__str__()”方法返回一个字符串。对于有“__str__()”方法的类的实例，可以使用

“str(实例名)”将其转为字符串或直接使用“print 实例名”将其输出，如代码清单 9-22 所示。

代码清单 9-22

```
1    class Student(object):
2        '''This is a sample doc.'''
3    def __init__(self,id):
4        self.id = id
5    def __str__(self):
6        return '< Student id=%s >' % self.id
7    s = Student(10001)
8    print str(s)
9    print s
```

代码运行后会得到如代码清单 9-23 所示的输出。

代码清单 9-23

```
< Student id=10001 >
< Student id=10001 >
```

9.4.4 __repr__()方法

“__repr__()”方法与“__str__()”方法类似，同样需要返回一个字符串作为该类对象字符串化的结果。不同的是，“__repr__()”可以用于命令行交互时直接输出对象。使用上一节的 Student 类，其中只用“__str__()”方法而没有用“__repr__()”方法，进行命令行交互测试时的输出结果如图 9-10 所示。

```
>>> from student import Student
>>> s = Student(10001)
>>> s
<student.Student object at 0x00000000029F3358>
```

图 9-10 没有“__repr__()”方法时的输出

可见，在命令行交互时，直接输出类时不会使用“__str__()”方法。

接着，为其添加“__repr__()”方法，为了简单，直接在“__repr__()”中返回“str(self)”，如代码清单 9-24 所示。

代码清单 9-24

```
1    class Student(object):
2        '''This is a sample doc.'''
3        def __init__(self,id):
4            self.id = id
5        def __str__(self):
6            return '< Student id=%s >' % self.id
7        def __repr__(self):
8            return str(self)
```

再在命令行中进行输出，如图 9-11 所示。可见命令行输出调用了“__repr__()”方法。

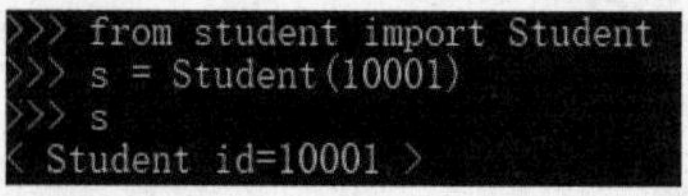

```
>>> from student import Student
>>> s = Student(10001)
>>> s
< Student id=10001 >
```

图 9-11　使用“__repr__()”方法时的输出

习题

一、简述题

1. 简述类属性、实例属性的异同及声明方式。

2. 简述实例方法、静态方法、类方法的异同及声明方式。

3. 简述直接调用父类初始化函数与使用 super 调用初始化函数的异同。

二、实践题

编写学生类 Student，学生类有属性：学生姓名、学生生日和学生学号，这三个属性均为私有属性；学生类有方法：设置姓名、设置生日、设置学号、获取姓名、获取生日和获取学号，这些方法均为公有方法（通过公有方法访问私有属性，这类函数被称为 getter 与 setter）。其中，学生生日类 Date 同样需要自定义类。Date 类需要三个属性，分别为年、月、日。

第 10 章 异 常 处 理

本章首先介绍异常的概念；然后对异常的抛出与捕获进行详细的描述；再介绍如何自定义异常；最后对使用断言异常处理进行了阐述。

10.1 异常的概念

异常即是一个事件，该事件会在程序执行过程中发生，影响了程序的正常执行。一般情况下，在 Python 无法正常处理程序时就会发生一个异常。当 Python 脚本发生异常时需要捕获处理它，否则程序会终止执行。

同时，异常也表示 Python 中的一种对象，当一种异常事件发生时，Python 会产生一种对应类型的对象用来保存错误信息等。异常对象的类型既可以自己定义，也可以使用已有的异常类型。Python 提供了 Python 标准异常作为一般的异常类型，如表 10-1 所示。

表 10-1 标准异常

异常名称	描　述
BaseException	所有异常的基类
SystemExit	解释器请求退出
KeyboardInterrupt	用户中断执行
Exception	常规错误的基类
StopIteration	迭代器没有更多的值
GeneratorExit	生成器发生异常通知退出
StandardError	所有的内建标准异常的基类
ArithmeticError	所有数值计算错误的基类
FloatingPointError	浮点计算错误
OverflowError	数值运算超出最大限制
ZeroDivisionError	除零
AssertionError	断言语句失败
AttributeError	对象没有这个属性
EOFError	没有内建输入，到达 EOF 标记
EnvironmentError	操作系统错误的基类
IOError	输入/输出操作失败
OSError	操作系统错误
WindowsError	系统调用失败
ImportError	导入模块/对象失败

（续）

异常名称	描　述
LookupError	无效数据查询的基类
IndexError	序列中没有此索引
KeyError	映射中没有这个键
MemoryError	内存溢出错误
NameError	未声明/初始化对象
UnboundLocalError	访问未初始化的本地变量
ReferenceError	弱引用试图访问已经垃圾回收了的对象
RuntimeError	一般的运行时错误
NotImplementedError	尚未实现的方法
SyntaxError	语法错误
IndentationError	缩进错误
TabError	Tab 和空格混用
SystemError	一般的解释器系统错误
TypeError	对类型无效的操作
ValueError	传入无效的参数
UnicodeError	Unicode 相关的错误
UnicodeDecodeError	Unicode 解码时的错误
UnicodeEncodeError	Unicode 编码时的错误
UnicodeTranslateError	Unicode 转换时的错误

在 Python 中，所有异常都继承于基类 Exception（继承的概念已在“第 9 章面向对象编程”中详细讲解过，在此读者可以理解为所有标准异常都是 Exception 指定了具体异常类型后的结果）。

10.2　异常的抛出与捕获

在了解了异常的概念之后，本节将学习如何处理异常。

在进行异常处理时，常用 try/except 语句，它用来监听 try 语句中的异常，从而让 except 语句捕获异常信息并处理。如代码清单 10-1 所示。

代码清单 10-1

```
try:
<语句>    #需要检测异常的代码
except<名称>:
<语句>    #如果在 try 部分引发了<名称>异常，则执行
except<名称>,<数据>:
<语句>    #如果引发<名称>异常，则执行，并获得附加数据<数据>
else:
<语句>    #如果没有异常，则执行（如不需要特殊处理可省略）
```

try 的工作原理是，当开始一个 try 语句后，Python 就在当前程序的上下文中做标记，这样当异常出现时就可以回到这里，try 子句先执行，接下来会发生什么依赖于执行时是否出现异常。如果当 try 后的语句执行时发生异常，Python 就跳回到 try 并执行第一个匹配该异常的 except 子句，异常处理完毕，控制流就通过整个 try 语句（除非在处理异常时又引发新的异常）。如果在 try 后的语句里发生了异常，却没有匹配的 except 子句，异常将被递交到上层的 try，或者到程序的最上层（这样将结束程序，并打印默认的出错信息）。如果在 try 子句执行时没有发生异常，Python 将执行 else 语句后的语句（如果有 else 的话），然后控制流通过整个 try 语句。

图 10-1 所示给出了异常处理的一个示例。

```
#coding:utf-8


def temp_convert(var):
    try:
        return int(var)
    except ValueError, Argument:
        print "No numbers\n", Argument

temp_convert("xyz");

No numbers
invalid literal for int() with base 10: 'xyz'
```

（上）代码　　（下）输出结果

图 10-1　异常处理

在这个例子中，try 部分的代码试图将字符串 xyz 转换成 int 类型，这句代码引发了标准异常中 ValueError 类型异常。在捕获异常时，得到 ValueError 类型对象 Argument，并将错误信息与 Argument 携带的信息一同通过 print 语句打印。

需要注意的是，捕获异常时，可以通过捕获基类类型的异常捕获所有其子类的异常类型（基类、子类的概念详见第 9 章）。在上一节中，介绍了所有 Python 的异常都集成于 Exception 类型，因此如果不需要捕获特定类型的异常，只需要“except Exception:”即可捕获所有异常，保证后续代码的正确执行。

10.3　自定义异常

在开发一个新功能的模块时，开发者经常需要自定义新类型异常来方便其他开发者使用该模块。幸运的是，Python 也提供了十分简便的自定义异常的方式。

在 Python 中自定义异常，只需要新建一个类型并继承 Exception 即可。在需要抛出异常的位置，使用 raise 语句即可。在使用时，只需要使用 try 语句包围 raise 抛出异常的函数并在 expect 中捕获对应的自定义类型的异常，就可以像使用标准异常一样使用。

可以通过下面的例子体会自定义异常的使用，如代码清单 10-2 所示。

代码清单 10-2

```
1    class DivByZeroError(Exception):
2    def __init__(self,a,b):
```

```
3   self.a = a
4   self.b = b
5   Exception.__init__(self,str(self))
6   def __str__(self):
7   return "%s is divided by %s" % (self.a,self.b)
8   def div(a,b):
9   if b != 0:
10  return a/b
11  else:
12  raise DivByZeroError(a,b)
13  try:
14  print div(9,3)
15  except DivByZeroError,e:
16  print e
17  try:
18  print div(9,0)
19  except DivByZeroError,e:
20  print "Error:",e
```

这段代码的功能是编写了整除函数 div()，使被除数在被 0 除时抛出自定义的异常类型 DivByZeroError。

这段代码看上去比较晦涩，下面将其分成三部分来理解。

第一部分是使用 class 自定义了 DivByZeroError 异常，并重写了它的初始化函数，在构造时传入两个参数，分别是被除数 a 与除数 b，将其保存为该类的属性，方便之后调用，在构造的最后调用了父类 Exception 的构造方法完成自定义类的构造；除此之外，还重写了其 __str__方法，该方法在将该类型的对象转换为字符串时调用，例如在构造方法中，父类初始化函数第二个参数是错误信息，直接传入了字符串化后的当前对象，该类对象字符串化后为“被除数 is devided by 除数”。

第二部分是编写的函数 div()，在 div 中，判断了除数是否为 0，如果除数为 0，则使用 raise 抛出自定义类型 DivByZeroError 的异常对象，同时在构造该对象时传入被除数与除数。

第三部分是代码最后的两个 try/except 结构，在这个结构中是异常处理流程。在第一个 try/except 中，计算 9/3，不引起异常，将输出正确结果 3；而第二个 try/except 中，试图计算 9/0，在 div 函数中检测到除数为 0 时，将抛出 DivByZeroError 异常，被 except 语句接收，因此将执行 except 部分的代码：输出“Error:”与接收到的异常对象 e。

这段代码运行的结果如下所示。

```
3
Error: 9 is divided by 0
```

10.4 使用断言异常处理

断言常用于单元测试，其语法十分简洁，如下所示。

```
assert 条件 ,"错误信息"
```

当断言的条件返回 True 时，程序会继续执行；当条件返回 False 时，程序会抛出 AssertionError 并输出其后的错误信息。如代码清单 10-3 所示。

代码清单 10-3

```
1  assert 1>0,"no"
2  assert 1<0,"no"
3  '''
4  该程序执行到第二句时会中断并抛出异常：AssertionError: no
5  '''
```

assert 在测试代码时十分方便，但是请不要在非测试的代码中使用断言。断言在开启“-O”的编译后（Python 模块代码会被编译成 bytecode 以提高运行速度）不会被执行，因此一般情况下，只在进行测试时使用断言。

习题

一、简述题

1. 哪些场合适合使用断言？哪些场合不适合？为什么？

2. 简述 try、except 和 raise 之间的关系及它们的作用。

二、实践题

编写自定义异常 DivError 类，用于自定义整除 div 函数抛出异常。DivError 类所包含的异常信息有：除数、被除数、异常原因（a. 除数或被除数中有非整数；b. 除数或被除数中有非数字类型；c. 除以 0）。同时编写整除函数 div，排除对应异常。在主函数中测试异常的抛出。

第11章　Python多线程与多进程编程

本章首先描述了什么是进程、什么是线程，以及多线程与多进程；然后通过实践，让读者实际操作Python语言中多线程的特殊性；最后指导读者进行多线程、多进程的编程。

11.1　线程与进程

多线程与多进程是编写实用程序的必要方式。无论是GUI、并发网络通信还是并发缓存读写，都需要用到多线程与多进程技术。

在介绍多线程与多进程之前，先来了解什么是线程，什么是进程。

11.1.1　进程

进程（Process）是计算机中的程序关于某数据集合上的一次运行活动，是系统进行资源分配和调度的基本单位，是操作系统结构的基础。在早期面向进程设计的计算机结构中，进程是程序的基本执行实体。

进程的特性可以大致概括为以下几个方面。

- 动态性：进程的实质是程序在多道程序系统中的一次执行过程，进程是动态产生、动态消亡的。
- 并发性：任何进程都可以同其他进程一起并发执行。
- 独立性：进程是一个能独立运行的基本单位，同时也是系统分配资源和调度的独立单位。
- 异步性：由于进程间的相互制约，使进程具有执行的间断性，即进程按各自独立的、不可预知的速度向前推进。
- 结构特征：进程由程序、数据和进程控制块三部分组成。

通俗来说，一个正在运行的程序即是一个进程。虽然多进程已经可以实现并发程序，然而进程的开销是相对较大的，而且不同进程之间可共享的内容也很局限。随着计算机技术的发展，一种开销更小、相互共享内容更多的技术应运而生，那就是线程。

11.1.2　线程

线程是操作系统能够进行运算调度的最小单位（程序执行流的最小单元）。它被包含在进程之中，是进程中的实际运作单位。一条线程是指进程中一个单一顺序的控制流，一个进程中可以并发多个线程，每条线程并行执行不同的任务。

线程是进程中的一个实体，是被系统独立调度和分派的基本单位，线程自己不拥有系统资源，只拥有一些在运行中必不可少的资源，但它可与同属一个进程的其他线程共享进程所拥有的全部资源。一个线程可以创建和撤销另一个线程，同一进程中的多个线程之间可以并发执行。

11.1.3 多线程与多进程

多线程与多进程在现代计算机中已经是不可或缺的技术。

例如带有 GUI 的视频播放器程序。可以通过鼠标的输入来控制播放或者停止，但是在播放状态下，即使不使用鼠标，视频仍会播放下去，而不需要等待用户的鼠标输入。这样的例子在绝大多数 GUI 程序中都成立，虽然对此已经习以为常，但是这仍是通过简单的循环实现不了的。网络编程更是如此，一个服务器端程序可能同时与数十个客户端程序通过网络通信，如果一个客户端程序的网络环境不佳，不希望因为它造成网络速度阻塞而影响其他客户端的网络通信，这也需要通过多线程来实现。

多进程同样十分常见。例如，可以一边下载软件、一边看电影，此时，下载器和电影播放软件即为两个进程。因为进程具有并发性，因此可以在看电影的同时下载软件。

11.2 Python 多线程编程

既然多线程在 GUI、网络通信和耗时运算等方面如此常用，本节就来学习 Python 的多线程编程。

11.2.1 Python 多线程的特殊性

在真正介绍 Python 多线程编程之前，必须了解 Python 多线程的特殊性。

细心的读者可能已经发现，在这里没有使用“特性”这个字眼，而是使用“特殊性”，这是因为，Python 多线程的特殊性并非由 Python 语言本身产生，而是 Python 的一些解释器产生的问题。有些解释器为了保证线程安全（线程安全问题将在下面详细讲解，在此读者可以简单理解为多个线程同时访问并修改同一资源会引起的问题）而引入了 GIL（Global Interpreter Lock，全局解释器锁）。而由于 GIL 的存在，同一时间，解释器只能解释一条字节码（bytecode）。

Python 的解释器 CPython 就引入了 GIL，而大多数运行 Python 的环境即为 CPython，因此有时会说“Python 的多线程并不是真正的多线程”，其实在其他一些 Python 解释器下，如 JPython，其因为没有 GIL 限制，其多线程即为真正的多线程。因此，不能将这一缺陷总结为 Python 的语言特性，而是大多数运行 Python 的环境的特性。

既然在运行环境中 Python 的多线程不会同时执行多条指令，即其并非真正并发执行，那么在这种情况下使用多线程还有意义吗？显然，这个问题的答案是肯定的。即使无法在此环境下通过同时执行多线程提高程序的运算速度（其实由于线程之间的切换，GIL 下的多线程运算速度反而比单线程要慢），但是对于 IO 密集型程序，这种多线程仍然可以减少单线程的阻塞时间。例如，需要从网络中保存 10 个来自不同网页上的数据，如果使用单线程，只有等待一个网页数据全部加载完以后才能加载下一个网页中的内容，而网络的传输速度往往相对其他操作速度慢很多，因此单线程此时便会因为网络环境而阻塞变慢；而如果使用多线程，可以同时加载 10 个不同页面中的内容，因为每个页面可能来自不同网络，彼此间速度的竞争可能没有那么激烈，因此可以在其他页面加载时保存已经加载完毕的页面中的数据，这样便提高了 IO 密集型程序的效率。

11.2.2　使用 threading 模块进行多线程编程

Python 自带模块 threading 用来实现多线程编程。在使用前，请先导入模块：import threading。

1．创建与运行线程

使用 threading 模块创建线程常见的方式有两种，一种是直接使用 threading 模块的 Thread()方法创建并初始化一个线程对象。Thread 常用的参数有 target 与 args，target 为线程调用的函数，args 为该函数需要的参数，以元组的方式传递。实例化线程对象后，可以使用成员函数 start()运行该线程，如代码清单 11-1 所示。

代码清单 11-1

```
1   #-*- coding: utf-8 -*-
2
3   import threading
4   import time
5   def func(id):
6   print "Thread %d started !\n" % id
7   if(id==1):
8   time.sleep(2)
9   print "Thread %d finished !\n" % id
10  t1 = threading.Thread(target=func,args=(1,))
11  t2 = threading.Thread(target=func,args=(2,))
12  t1.start()
13  t2.start()
```

这段代码的运行结果如图 11-1 所示。

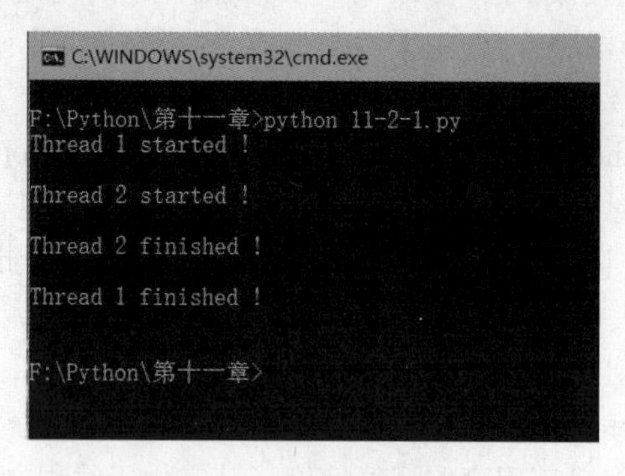

图 11-1　创建与运行线程

可以看到，当调用 start()方法时，线程对象绑定的 target 函数便开始执行，而且两个线程对应的函数并发执行，互不干扰。因为在 func()函数中，设置线程 1 在开始后延迟 2s 结束，而线程 2 开始后直接结束，因此会得到图 11-1 中的输出顺序。如果不使用多线程而直接调用 func(1)、func(2)，将得到以下输出结果，如图 11-2 所示。

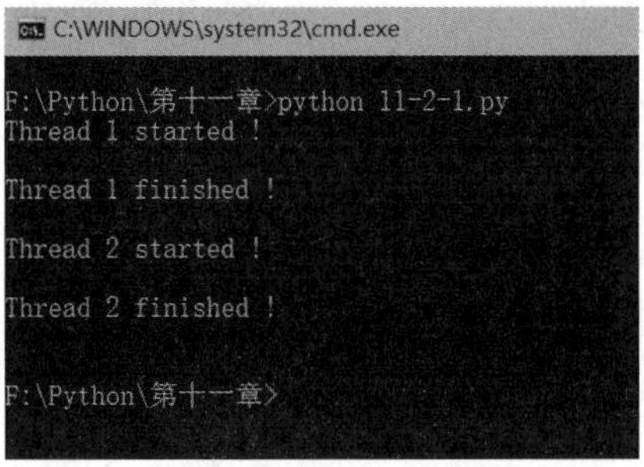

```
C:\WINDOWS\system32\cmd.exe

F:\Python\第十一章>python 11-2-1.py
Thread 1 started !

Thread 1 finished !

Thread 2 started !

Thread 2 finished !


F:\Python\第十一章>
```

图 11-2　单线程测试

除了使用 threading 的 Thread()方法返回线程实例外，还可以自定义线程类型并使其继承 threading.Thread 类，此时，需要在自定义类的__init__函数中运行 Thread 类的__init__函数，并重写 run()方法作为线程执行的函数，再实例化自定义线程类型并使用 start()方法运行线程，如代码清单 11-2 所示。

代码清单 11-2

```
1   import threading
2   import time
3   class MyThread(threading.Thread):
4   def __init__(self, id):
5   threading.Thread.__init__(self)
6   self.id = id
7   def run(self):
8   print "Thread %d started !\n" % self.id
9   if(self.id == 1):
10  time.sleep(2)
11  print "Thread %d finished !\n" % self.id
12  t1 = MyThread(1)
13  t2 = MyThread(2)
14  t1.start()
15  t2.start()
```

这段代码的运行结果与之前的多线程代码相同，如图 11-3 所示。

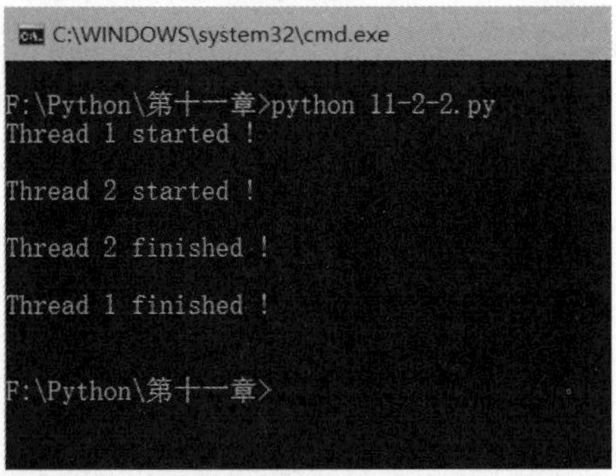

```
C:\WINDOWS\system32\cmd.exe

F:\Python\第十一章>python 11-2-2.py
Thread 1 started !

Thread 2 started !

Thread 2 finished !

Thread 1 finished !


F:\Python\第十一章>
```

图 11-3　另一种创建线程的方式

2．使用 join()函数阻塞线程

在某一线程中对已经开始的线程使用 join()方法，可以阻塞当前线程，直到被 join()的线程执行完后，被阻塞的线程才能继续执行。下面这段代码便演示了 join()方法，如代码清单 11-3 所示。

代码清单 11-3

```
1   import threading
2   import time
3   def func(sleeptime):
4   time.sleep(sleeptime)
5   print "Thread which slept %d second finished !\n" % sleeptime
6   t1 = threading.Thread(target=func, args=(1,))
7   t2 = threading.Thread(target=func, args=(2,))
8   print "All Threads start at : " + time.strftime('%Y-%m-%d %H:%M:%S', time.localtime(time.time())) + "\n"
9   t1.start()
10  t2.start()
11  t1.join()
12  print "Now is : " + time.strftime('%Y-%m-%d %H:%M:%S', time.localtime(time.time())) + "\n"
```

运行这段代码，会得到以下输出结果，如图 11-4 所示。

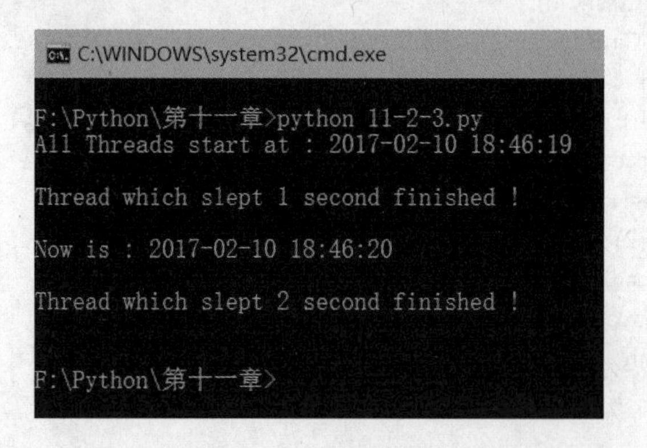

图 11-4　使用 join()函数阻塞线程

从图 11-4 中可见，当线程 t1、t2 开始执行后，在主线程中对 t1 使用 join()方法，主线程中第二句输出在 t1 线程执行完后才能执行；t2 线程则正常等待 2s 后退出。

join()方法还可以传递参数设置超时时间，即当被 join 的线程如果过了这个时间还没有执行完，则当前线程不会再等待被 join 的线程而直接开始执行，如代码清单 11-4 所示。

代码清单 11-4

```
1   import threading
2   import time
3   def func(sleeptime):
4   time.sleep(sleeptime)
5   print "Thread which slept %d second finished !\n" % sleeptime
6   t3 = threading.Thread(target=func, args=(3,))
```

```
7   print "All Threads start at : " + time.strftime('%Y-%m-%d %H:%M:%S', time.localtime(time.time())) + "\n"
8   t3.start()
9   t3.join(2)
10  print "Now is : " + time.strftime('%Y-%m-%d %H:%M:%S', time.localtime(time.time())) + "\n"
```

这段代码执行后的输出结果如图 11-5 所示。

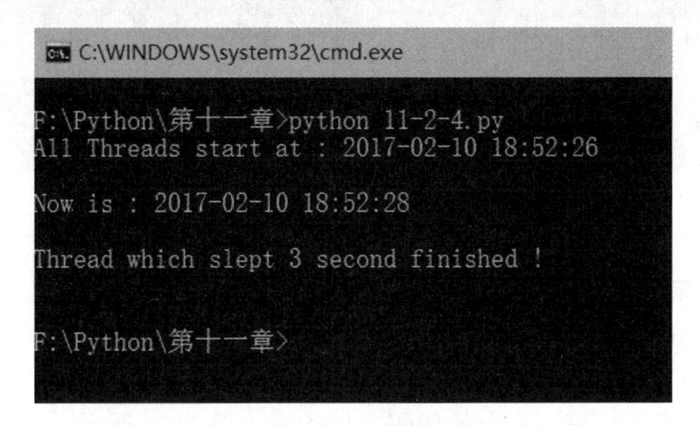

图 11-5　设置 join 延时

在这段代码中，t3 将在 3s 后退出，而在主线程中对 t3 使用 join()方法阻塞主线程并设置 t3 的超时时间为 2s，因此在 2s 后，主线程先继续执行，再过 1s 后 t3 线程再输出并退出。

3．守护线程

在 Python 中，主线程结束后，非守护线程仍会执行直到其结束；而守护线程则会在主线程结束后被终止。

Python 中守护线程的创建非常简单，只需要在线程开始前调用线程对象的 setDaemon(True)方法即可，如代码清单 11-5 所示。

代码清单 11-5

```
1   import threading
2   import time
3   def func():
4   print "Thread started !"
5   time.sleep(5)
6   print "Thread finished !"
7   print "Main Thread started at : " + time.strftime('%Y-%m-%d %H:%M:%S', time.localtime(time.time())) + "\n"
8   t = threading.Thread(target = func)
9   t.setDaemon(True)
10  t.start()
11  time.sleep(2)
12  print "Main Thread finished at : " + time.strftime('%Y-%m-%d %H:%M:%S', time.localtime(time.time())) + "\n"
```

这段代码的运行结果如图 11-6 所示。

在上面这段代码中，子线程被设置为守护线程，在子线程开始时的输出正常被打印，随后子线程会挂起 5s，而主线程则在子线程开始 2s 后结束。因为子线程为守护线程，在主线程结束后立刻被终止，因此，子线程的第二段输出因为已经被提前终止而没有被打印。

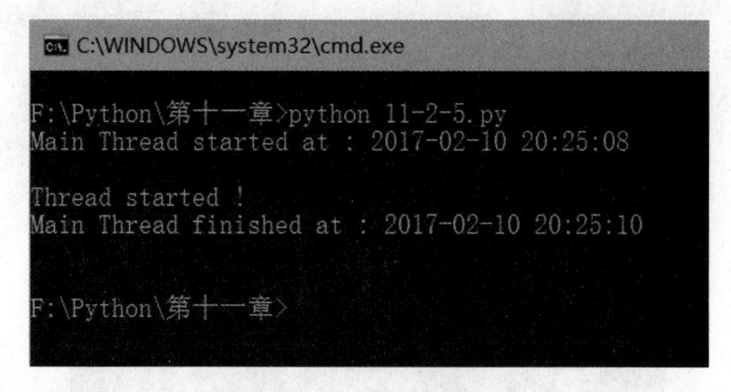

图 11-6　守护线程

4．线程安全与线程锁

在 Python 中，在子线程中，可以使用 global()方法访问全局变量。然而，不同线程在同时操作同一个对象时，可能会产生线程安全问题。那么，“线程安全”问题究竟是什么呢？通过下面这个例子来演示线程不安全的代码，如代码清单 11-6 所示。

代码清单 11-6

```
1  import threading
2  import time
3  def decNum():
4    global num
5  time.sleep(1)
6  num -= 1
7  num = 100
8  thread_list = []
9  for i in range(100):
10 t = threading.Thread(target=decNum)
11 t.start()
12 thread_list.append(t)
13 for t in thread_list:
14 t.join()
15 print('final num:', num)
```

在上面这段代码中，初始化全局变量 num 为 100，然后创建了 100 个子线程，每个线程执行的代码都是挂起 1s 再使 num 自减 1。阻塞主线程，使其在 100 个子线程结束后再输出 num 的值。在 100 个子线程执行完毕后，num 被自减了 100 次，最终的输出应该是 0，那么，事实是这样的吗？来看一下多次执行这段代码的结果，如图 11-7 所示。

从图 11-7 中可以看到，每次执行这段代码，最终输出的 num 并不总是 0，反而还有一些莫名其妙的值，如 2、9、5、16、17。这些不应该出现的值是怎样产生的呢？答案就是线程不安全。

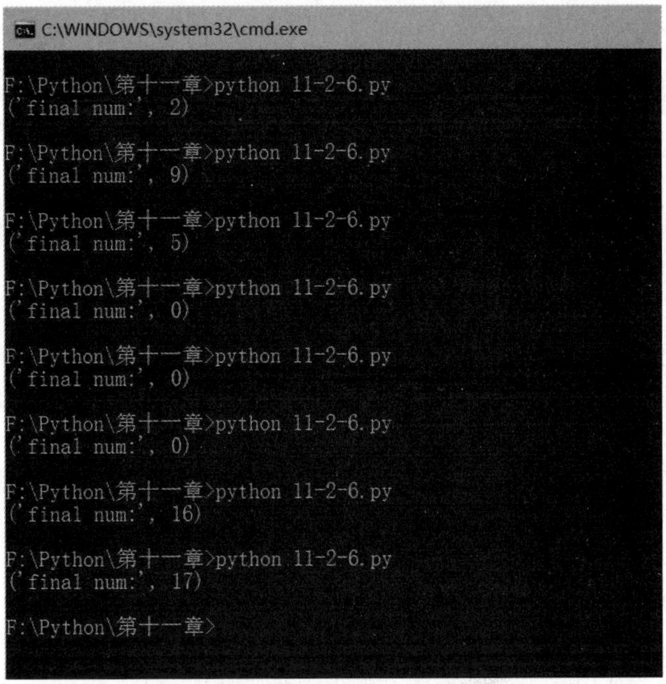

```
C:\WINDOWS\system32\cmd.exe

F:\Python\第十一章>python 11-2-6.py
('final num:', 2)

F:\Python\第十一章>python 11-2-6.py
('final num:', 9)

F:\Python\第十一章>python 11-2-6.py
('final num:', 5)

F:\Python\第十一章>python 11-2-6.py
('final num:', 0)

F:\Python\第十一章>python 11-2-6.py
('final num:', 0)

F:\Python\第十一章>python 11-2-6.py
('final num:', 0)

F:\Python\第十一章>python 11-2-6.py
('final num:', 16)

F:\Python\第十一章>python 11-2-6.py
('final num:', 17)

F:\Python\第十一章>
```

图 11-7　不安全的线程

在之前介绍 Pyhon 的 CPython 解释器时，说到 CPyhon 引入了 GIL 使 CPython 解释器同时只能运行一个 bytecode，那么，就从 bytecode 的视角分析这段代码究竟发生了什么。使用 dis 模块，输出 decNum 函数所对应的 bytecode（如果读者读不懂 bytecode 也没有关系，这里将阐释每条 bytecode 的功能），在 num -= 1 行，得到以下几条 bytecode，如代码清单 11-7 所示。

代码清单 11-7

```
1   LOAD_GLOBAL          2 (num)
2   LOAD_CONST           1 (1)
3   INPLACE_SUBTRACT
4   STORE_GLOBAL         2 (num)
5   LOAD_CONST           0 (None)
6   RETURN_VALUE
```

这段 bytecode 清晰地揭示了 Python 在执行 num -= 1 时的工作原理：首先，第 1 行将全局变量 num 压入栈（这里的栈指程序的堆栈），第 2 行再向栈中压入常量 1，第 3 行将栈中的两个值做减法，第 4 行将得到的结果储存到全局变量 num 中，第 5、6 两行用作函数返回，因为 decNum 无返回值，所以其返回了 None，无需关注。

从这段 bytecode 中可以看到，即使是 num -= 1 这条简单的语句，在 Python 运行时也不是被一条 bytecode 执行完的。因此，在多线程中，可能会出现这种情况：num 初始为 100，线程 1 将 num 当前值压入属于其自身的栈帧中（不同栈帧由 Python 的运行时控制，不会互相影响）后还没来得及进行后续的减法操作，CPython 就切换到了下一线程，而在线程 2

中，由于 num 还未进行减法运算或者之前线程减法运算的结果还未储存到 num 中，所以线程 2 取得的 num 值仍为 100，当这两个线程都结束后（暂时不考虑更多线程），num 的值都被储存为 100-1 即 99，而非 98。这便导致了“线程安全问题”（GIL 保证的线程安全为 bytecode 的线程安全，而非所有操作的线程安全，因此在使用多线程操作数据时，仍需对共享的数据加锁）。

由此可见，如果多个线程没有操作同一对象，是不会出现线程安全问题的。然而，真实的情况是往往需要在多个线程中访问同一对象，那么，应该如何访问才不会出现难以察觉的线程安全问题呢？这就是线程锁诞生的原因。

线程锁，即用于线程间访问控制的锁，当一个线程被线程锁加锁后，其他线程无法请求该线程锁，这些线程将会被阻塞。只有该线程锁被释放时，被阻塞的线程才能继续运行。

Python 提供了多种线程锁来方便用户进行多线程开发，接下来将介绍常用的线程锁。

（1）互斥锁

互斥锁是 threading 模块提供的最简单的线程锁。因为这种线程锁使用 acquire()加锁、使用 release()解锁，所以被称为互斥锁。

互斥锁的使用非常简单，可以在全局使用 threading.Lock()实例化一个互斥锁，在子线程操作共享的对象前使用 acquire()加锁，操作完成后使用 release()解锁，如代码清单 11-8 所示。

代码清单 11-8

```
1   import threading
2   import time
3   def decNum():
4   global num
5   time.sleep(1)
6   mutex.acquire()
7   num -= 1
8   mutex.release()
9   num = 100
10  thread_list = []
11  mutex = threading.Lock()
12  for i in range(100):
13  t = threading.Thread(target=decNum)
14  t.start()
15  thread_list.append(t)
16  for t in thread_list:
17  t.join()
18  print('final num:', num)
```

加入互斥锁后的执行效果如图 11-8 所示。

正如之前所说，其他线程在试图操作请求线程锁 mutex 时会被阻塞，直到其解锁才能继续操作，因此 num -= 1 操作不会因切换线程而出现线程安全问题。

```
C:\WINDOWS\system32\cmd.exe

F:\Python\第十一章>python 11-2-7.py
('final num:', 0)

F:\Python\第十一章>python 11-2-7.py
('final num:', 0)

F:\Python\第十一章>python 11-2-7.py
('final num:', 0)

F:\Python\第十一章>python 11-2-7.py
('final num:', 0)

F:\Python\第十一章>python 11-2-7.py
('final num:', 0)

F:\Python\第十一章>python 11-2-7.py
('final num:', 0)

F:\Python\第十一章>python 11-2-7.py
('final num:', 0)

F:\Python\第十一章>
```

图 11-8　使用互斥锁后的结果

其中互斥锁的 acquire()函数有可选的 blocking 参数，默认为 True，允许阻塞线程。当 acquire(False)时，如果请求加锁失败则会直接返回 False，请求成功则会返回 True，如代码清单 11-9 所示。

代码清单 11-9

```
1    import threading
2    import time
3    def func_1():
4    mutex.acquire()
5    time.sleep(10)
6    mutex.release()
7    def func_2():
8    time.sleep(1)
9    print "Try to get Lock"
10   print mutex.acquire(False)
11   mutex = threading.Lock()
12   t1 = threading.Thread(target=func_1)
13   t2 = threading.Thread(target=func_2)
14   t1.start()
15   t2.start()
```

代码运行结果如图 11-9 所示。

由图 11-9 可知，t1 线程执行时加锁并阻塞 10s，t2 在执行 1s 后使用 acquire(False)不阻塞地请求锁，显然此时 t1 的锁还未释放，函数返回 False。

图 11-9　关闭阻塞功能

虽然互斥锁可以解决多线程操作同一资源时产生的线程安全问题，然而有时互斥锁会导致另一种更难发现的线程安全问题产生：死锁。

死锁不是一种线程锁，而是错误地使用线程锁而导致的另一种线程安全问题。例如，当交叉请求锁时，即一个线程先请求 A 锁再请求 B 锁后释放 B 锁再释放 A 锁，另一个线程先请求 B 锁再请求 A 锁后释放 A 锁再释放 B 锁。当这两个线程并发时，如果线程 1 锁定了 A 锁后切换到线程 2 锁定了 B 锁，此时，线程 1 无法再请求 B 锁，线程 2 也无法请求 A 锁，形成交叉死锁。下面这段代码演示了交叉死锁的形成，如代码清单 11-10 所示。

代码清单 11-10

```
1   import threading
2   import time
3   class MyThread(threading.Thread):
4   def __init__(self, id):
5   threading.Thread.__init__(self)
6   self.id = id
7   pass
8   def do1(self):
9   if mutexA.acquire():
10  print str(self.id) + ":Get A !"
11  if mutexB.acquire():
12  print str(self.id) + ":Get B !"
13  mutexB.release()
14  print str(self.id) + ":Release B !"
15  mutexA.release()
16  print str(self.id) + ":Release A !"
17  def do2(self):
18  if mutexB.acquire():
19  print str(self.id) + ":Get B !"
20  if mutexA.acquire():
21  print str(self.id) + ":Get A !"
22  mutexA.release()
23  print str(self.id) + ":Release A !"
24  mutexB.release()
25  print str(self.id) + ":Release B !"
26  def run(self):
27  self.do1()
28  self.do2()
29  mutexA = threading.Lock()
30  mutexB = threading.Lock()
31  def test():
32  for i in range(10):
33  t = MyThread(i)
34  t.start()
35  if __name__ == '__main__':
36  test()
```

运行这段代码将得到以下结果（不同情况下结果可能不同，且由于 Python2.X 的 print 函数非线程安全，输出可能会部分混乱），如图 11-10 所示。

```
python 11-2-9.py

F:\Python\第十一章>python 11-2-9.py
0:Get A !
0:Get B !
0:Release B !
0:Release A !1:Get A !

0:Get B !
```

图 11-10　死锁

可以看到，在这段代码中，本应由 10 个线程交叉请求 AB 锁，然而线程 0、1 已经形成死锁，程序不会继续运行。从输出中分析，线程 0 执行完 do1 后，线程 1 开始执行 do1，在线程 1 请求成功 A 锁后，线程 0 开始执行 do2 并请求成功 B 锁。此时，线程 1 在 do1 函数中需要请求 B 锁，而线程 0 在 do2 函数中需要请求 A 锁，而两锁均为锁定状态，因此这两个线程形成了死锁，其他线程同样在阻塞请求 A 锁，程序无法继续运行。

其实 Python 的互斥锁迭代加锁也会产生死锁，如代码清单 11-11 所示。

代码清单 11-11

```
1   import threading
2   import time
3   def func():
4   print "Start !"
5   mutex.acquire()
6   mutex.acquire()
7   mutex.release()
8   mutex.release()
9   print "Finish !"
10  mutex = threading.Lock()
11  t = threading.Thread(target = func)
12  t.start()
```

代码执行输出结果如图 11-11 所示。

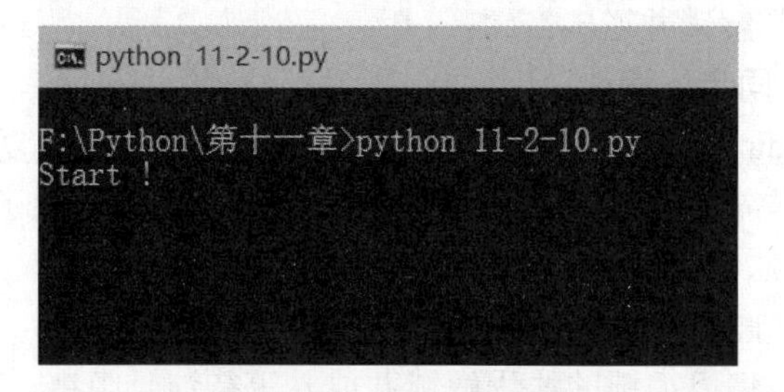

图 11-11　迭代互斥锁产生死锁

mutex 自身迭代加锁产生了死锁，线程 t 永远不会结束。

死锁一般是在调试时难以察觉的 Bug，在编程时要极力避免产生死锁。解决死锁问题有大量的不同环境下的解决方案，并需要大量的编程经验，已经超出了本书的讨论范围。想要进一步了解死锁解决方案的读者，可以在互联网中查询相关资料。

而对于自身迭代产生的死锁，threading 模块提供了一种递归锁来解决这一问题。

（2）递归锁

递归锁的使用方法与互斥锁基本相同，使用 threading.RLock()实例化递归锁，并使用 acquire()、release()分别请求、释放锁。与互斥锁不同的是，RLock 允许在同一线程中多次请求锁而不会产生死锁问题。使用 RLock 时必须严格使执行的 acquire()与 release()成对出现。

下面用递归锁替换互斥锁迭代使用，如代码清单 11-12 所示。

代码清单 11-12

```
1   import threading
2   import time
3   def func():
4   print "Start !"
5   rlock.acquire()
6   rlock.acquire()
7   rlock.release()
8   rlock.release()
9   print "Finish !"
10  rlock = threading.RLock()
11  t = threading.Thread(target = func)
12  t.start()
```

代码执行后的输出结果如图 11-12 所示。

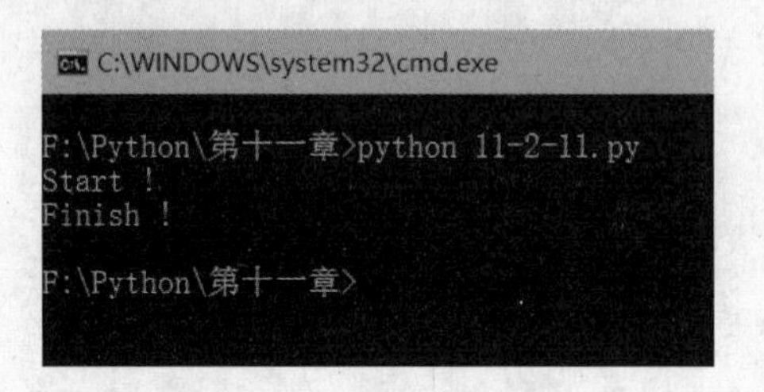

图 11-12　使用递归锁

线程 t 这次可以正常解锁并退出。

5．使用 Condition 同步线程

除了线程锁，threading 模块还提供了状态类 Condition 来实现复杂的线程同步问题。使用 Condition 类时，同样需要创建 Condition 实例。Condition 实例除了具有互斥锁的 acquire()与 release()方法实现加锁、释放锁外，还有 wait()与 notify()等方法。

Condition 实例对于加解锁操作会维护一个锁定池。

wait()方法的作用是将已加锁的线程解锁并放入等待池且阻塞，等待其他线程的通知才能运行。这个方法只能对加锁的线程使用，否则会抛出异常。

notify()方法则是从等待池中取出一个线程并通知，被通知的线程将自动调用 acquire()方法尝试获得锁定。这个方法有一点很重要，它不会释放线程的锁定，使用之前线程必须已获得锁定，否则将抛出异常。

在本节的实例中，将使用 Condition 实现双线程的简化版生产消费者模型，分别创建生产者线程与消费者线程。常见的生产消费者模型拥有以下几个特点。

1）生产者仅仅在仓储未满时生产，仓满则停止生产。

2）消费者仅仅在仓储有产品时才能消费，仓空则等待。

3）当消费者发现仓储没有产品可消费时会通知生产者生产。

4）生产者在生产出可消费产品后，应该通知等待的消费者去消费。

这里要实现的简化版模型不考虑仓储容量，即有仓储容量为 1，有产品则仓满，否则仓储为空。简单来说，这个简化版模型就像是两个人在对话，每人在对方说话后只能说一句话。通过 Conditon 类可以便捷地实现这一功能，如代码清单 11-13 所示。

代码清单 11-13

```
1   import threading
2   import time
3   product = None
4   con = threading.Condition()
5   def produce():
6   global product
7   while True:
8   con.acquire()
9   if product is not None:
10  con.wait()
11  print 'Prodecing...'
12  time.sleep(2)
13  product = '***Product***'
14  con.notify()
15  con.release()
16  def consume():
17  global product
18  while True:
19  con.acquire()
20  if product is None:
21  con.wait()
22  print 'Consuming...'
23  time.sleep(2)
24  product = None
25  con.notify()
26  con.release()
27  t1 = threading.Thread(target=produce)
28  t2 = threading.Thread(target=consume)
29  t1.start()
30  t2.start()
```

这段代码的输出结果如图 11-13 所示。

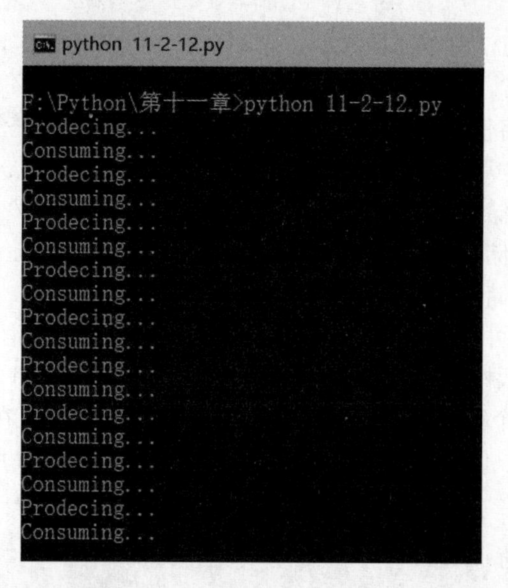

图 11-13　使用 Condition 同步线程

从输出可见，生产和消费活动在两个线程中实现了交替进行（且无论先启动生产者线程还是消费者线程，总是先生产再消费）。下面来简单分析一下代码，生产者与消费者的逻辑类似。生产者、消费者都会首先请求锁，请求成功后使用循环检测全局 product（产品，本例中即仓储），当仓储为空或满时，生产或消费，之后使用 notify()方法通知另一线程生产或消费完成；无论仓空还是仓满，二者都会随后使用 wait()方法阻塞本线程并等待对方线程发出通知。当线程恢复运行状态后，为了清晰观察，让线程等待 2s 再运行。

从这个例子中可以发现，Condition 可以便捷地实现一些复杂的线程同步问题。

6．使用 Event 实现线程间通信

Event 类其实可以看作简化版的 Condition 类，它也能阻塞线程等待信号、发出信号恢复阻塞中的线程，但是 Event 类不提供线程锁的功能。

使用 Event 前同样需要实例化 Event 对象，Event 实例内部维护一个布尔变量，表示线程运行的状态。

- isSet()方法用来返回内部的布尔变量值。
- wait()方法将使该线程阻塞，直到其他线程调用 set()方法。
- set()方法将布尔变量置为 True，并通知所有阻塞中的线程恢复运行。
- clear()方法将内部布尔变量置为 False。

下面使用 Condition 类实现上例中简化版的生产消费者模型，如代码清单 11-14 所示。

代码清单 11-14

```
1    import threading
2    import time
3    product = None
4    event = threading.Event()
5    def produce():
6    global product
```

```
7   event.set()
8   while True:
9   if product is None:
10  print 'Prodecing...'
11  product = '***Product***'
12  event.set()
13  event.wait()
14  time.sleep(2)
15  def consume():
16  global product
17  event.wait()
18  while True:
19  if product is not None:
20  print 'Consuming...'
21  product = None
22  event.set()
23  event.wait()
24  time.sleep(2)
25  t1 = threading.Thread(target=produce)
26  t2 = threading.Thread(target=consume)
27  t2.start()
28  t1.start()
```

同样，得到与上例相同的输出，如图 11-14 所示。

```
python 11-2-13.py

F:\Python\第十一章>python 11-2-13.py
Prodecing...
Consuming...
Prodecing...
Consuming...
Prodecing...
Consuming...
Prodecing...
Consuming...
```

图 11-14　使用 Event 实现线程间通信

7. 使用 Timer 定时器

Timer 类实际上是 Thread 类派生出的一个类。使用 Timer 同样需要实例化 Timer 对象，实例化时有三个重要的参数需要传递，第一个是启动延迟时间，第二个是启动调用的函数，第三个是函数参数（可以不设置）。实例化之后，调用 start()方法即可启动定时器，如代码清单 11-15 所示。

代码清单 11-15

```
1   import threading
2   def func():
3   print "I Love Python !"
4   print "Now is : " + time.strftime('%Y-%m-%d %H:%M:%S', time.localtime(time.time()))
5   timer = threading.Timer(2,func)
6   print "Now is : " + time.strftime('%Y-%m-%d %H:%M:%S', time.localtime(time.time()))
7   timer.start()
```

代码执行输出结果如图 11-15 所示。

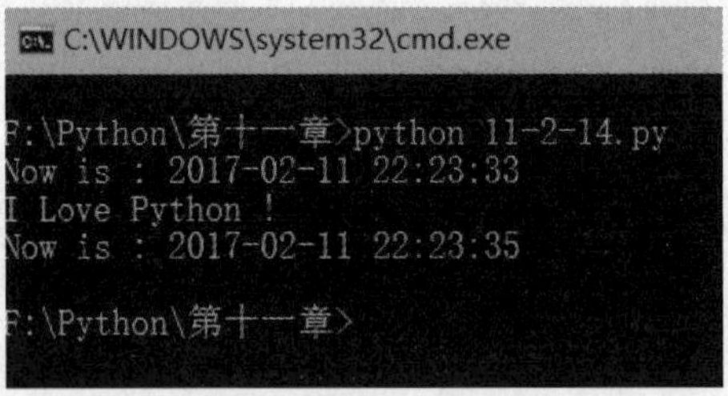

```
C:\WINDOWS\system32\cmd.exe

F:\Python\第十一章>python 11-2-14.py
Now is : 2017-02-11 22:23:33
I Love Python !
Now is : 2017-02-11 22:23:35

F:\Python\第十一章>
```

图 11-15　使用 Timer 定时器

8. 使用 local 线程局部字典

为了方便地存储不同线程的数据，threading 模块还提供了 local 类。local 类可以为不同线程储存互不干扰的同名数据。在使用时，需要在主线程实例化 local 类，然后便可以动态地追加、修改它的属性，而且这些属性在不同线程之间即使同名也不互相干扰，如代码清单 11-16 所示。

代码清单 11-16

```
1   import threading
2   import time
3   import random
4   localVal = threading.local()
5   localVal.val = "Thread-Main"
6   def func(val):
7   localVal.val = val
8   time.sleep(random.random()*2)
9   print "%s == %s" % (val, localVal.val)
10  print localVal.__dict__
11  t1 = threading.Thread(target=func, args=("Thread-1",))
12  t2 = threading.Thread(target=func, args=("Thread-2",))
13  t1.start()
14  t2.start()
15  t1.join()
16  t2.join()
17  print "%s == %s" % ("Thread-Main", localVal.val)
18  print localVal.__dict__
```

这段代码的运行结果如图 11-16 所示。

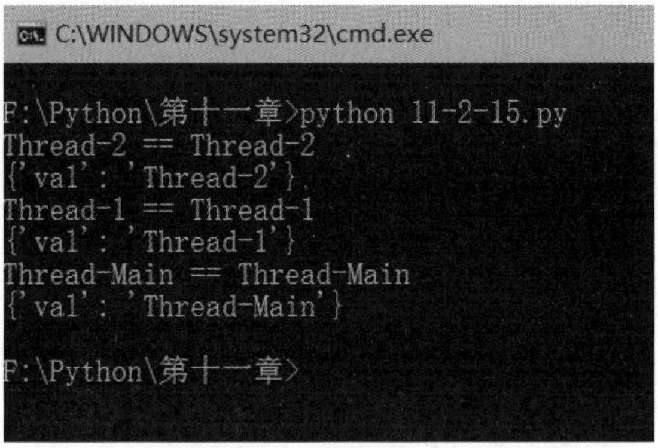

```
C:\WINDOWS\system32\cmd.exe

F:\Python\第十一章>python 11-2-15.py
Thread-2 == Thread-2
{'val': 'Thread-2'}
Thread-1 == Thread-1
{'val': 'Thread-1'}
Thread-Main == Thread-Main
{'val': 'Thread-Main'}

F:\Python\第十一章>
```

图 11-16　使用 local 线程局部字典

可见，主线程与两个子线程均修改了 local 实例的 Val 值，而输出的 Val 只能输出当前线程赋给 local 实例的值。local 类更像是一个字典，可以使用__dict__属性以列表形式返回当前线程下为 local 实例赋予的属性与对应的值。

11.3　Python 多进程编程

11.3.1　Python 多进程编程的特点

在 Python 多线程编程时，已知由于一些 Python 解释器的原因，很多时候 Python 并不能让多个线程真正地并行，降低了多核 CPU 的利用率。而 Python 多进程编程时，每个进程有自己独立的 GIL，可以充分利用多核 CPU 的性能。

Python 同样为多进程编程提供了 multiprocessing 模块，使开发者可以便捷地开发多进程的 Python 程序。

11.3.2　使用 multiprocessing 模块进行多进程编程

Python 的自带模块 multiprocessing 提供了便捷的多进程开发功能，使用前请先导入模块：import multiprocessing。multiprocessing 模块提供的类的使用方法与多线程编程时使用的 threading 模块很相似。

1．创建与运行进程

multiprocessing 模块的使用方式与 threading 很相似。在创建新进程时，同样有直接使用 multiprocessing.Process()返回新进程对象与使用自定义类继承 multiprocessing.Process 两种方式。不过需要注意的是，在 Windows 下使用 multiprocessing 编写多进程程序时，要在主进程开始前使用 if __name__=="__main__":判断当前进程是否为主进程，并调用 multiprocessing.freeze_support()函数，使代码只有为主进程时才能执行，否则因为在 Windows 下 Python 子进程会自动输入主进程中的内容，导致未判断的主进程中的代码在子进程中被死递归调用而出错。

Process 与 Thread 相似，具有 target 与 args 参数，分别为该进程执行的函数与其对应的参数。实例化 Process 对象后，同样需要调用实例方法 start()启动进程。

下面这段代码展示了直接使用 multiprocessing.Process()返回新进程对象的方法创建新进程，如代码清单 11-17 所示。

代码清单 11-17

```
1   import multiprocessing
2   import time
3   def func(id):
4   print "Process %d started !\n" % id
5   if(id == 1):
6   time.sleep(2)
7   print "Process %d finished !\n" % id
8   if __name__ == "__main__":
9   multiprocessing.freeze_support()
10  p1 = multiprocessing.Process(target=func, args=(1,))
11  p2 = multiprocessing.Process(target=func, args=(2,))
12  p1.start()
13  p2.start()
```

下面这段代码展示了使用自定义类继承 multiprocessing.Process 创建新进程，如代码清单 11-18 所示。

代码清单 11-18

```
1   import multiprocessing
2   import time
3   class MyProcess(multiprocessing.Process):
4   def __init__(self, id):
5   multiprocessing.Process.__init__(self)
6   self.id = id
7   def run(self):
8   print "Process %d started !\n" % self.id
9   if(self.id == 1):
10  time.sleep(2)
11    print "Process %d finished !\n" % self.id
12  if __name__ == "__main__":
13  multiprocessing.freeze_support()
14  p1 = MyProcess(1)
15  p2 = MyProcess(2)
16  p1.start()
17  p2.start()
```

这两段代码的执行效果相同，如图 11-17 所示。

```
C:\WINDOWS\system32\cmd.exe

F:\Python\第十一章>python 11-3-1.py
Process 1 started !

Process 2 started !

Process 2 finished !

Process 1 finished !


F:\Python\第十一章>python 11-3-2.py
Process 1 started !

Process 2 started !

Process 2 finished !

Process 1 finished !


F:\Python\第十一章>
```

图 11-17　创建并运行多进程

2．使用 join()函数阻塞进程

多进程编程中，同样可以对子进程使用 join()方法来阻塞当前进程，使被 join()的进程全部执行完毕后继续执行当前进程，如代码清单 11-19 所示。

代码清单 11-19

```
1   import multiprocessing
2   import time
3   def func(sleeptime):
4   time.sleep(sleeptime)
5   print "Process which slept %d second finished !\n" % sleeptime
6   p1 = multiprocessing.Process(target=func, args=(1,))
7   p2 = multiprocessing.Process(target=func, args=(2,))
8   if __name__ == "__main__":
9   multiprocessing.freeze_support()
10  print "All Processes start at : " + time.strftime('%Y-%m-%d %H:%M:%S', time.localtime(time.time())) + "\n"
11  p1.start()
12  p2.start()
13  p1.join()
14  print "Now is : " + time.strftime('%Y-%m-%d %H:%M:%S', time.localtime(time.time())) + "\n"
```

这段代码执行后的输出结果如图 11-18 所示。

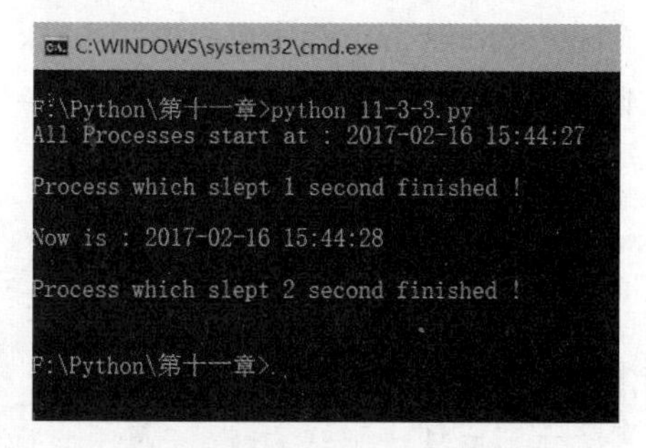

图 11-18　使用 join()阻塞进程

另外，join()方法的超时用法与多线程的join()方法相同。

3．守护进程

当主进程结束时，守护进程随之结束而非守护进程依旧继续执行。将进程设置为守护进程的方式与设置守护线程略有不同，设置守护进程需要将 Process 的实例的 deamon 属性修改为 True，如代码清单 11-20 所示。

代码清单 11-20

```
1   import multiprocessing
2   import time
3   def func():
4   print "Process started !"
5   time.sleep(5)
6   print "Process finished !"
7   if __name__ == "__main__":
8   multiprocessing.freeze_support()
9   print "Main Process started at : " + time.strftime('%Y-%m-%d %H:%M:%S', time.localtime(time.time()))
10  p = multiprocessing.Process(target=func)
11  p.daemon = True
12  p.start()
13  time.sleep(2)
14  print "Main Process finished at : " + time.strftime('%Y-%m-%d %H:%M:%S', time.localtime(time.time()))
```

代码执行结果如图 11-19 所示。

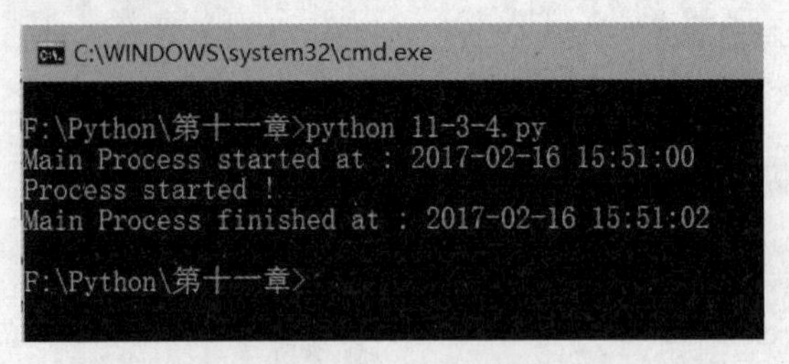

图 11-19　守护进程

可见，主进程结束后，守护进程直接被杀死，没有继续执行。

4．进程锁

与多线程安全问题类似，多进程程序同样有进程安全问题，例如在多进程读写文件时，如果处理方式不当就会产生进程安全问题。

为了解决进程安全问题，multiprocessing 模块也提供了 Lock（互斥锁）与 RLock（递归锁）类，其用法与线程锁类似，如代码清单 11-21 所示。

代码清单 11-21

```
1   import multiprocessing
2   def worker_with(lock, f, text):
3   lock.acquire()
4   with open(f, "a+") as fs:
5   fs.write(text + '\n')
```

```
6    lock.release()
7    if __name__ == "__main__":
8    multiprocessing.freeze_support()
9    f = "test.txt"
10   lock = multiprocessing.Lock()
11   for i in range(10):
12   multiprocessing.Process(target=worker_with, args=(lock, f, 'No.' + str(i))).start()
```

这段代码运行后得到的 test.txt 内容如下所示。

```
No.2
No.3
No.1
No.0
No.6
No.7
No.5
No.8
No.4
No.9
```

可见，0～9 号都被写入到了文件中（根据执行状况不同，序号的顺序也会不同）。再来看不使用进程锁的情况，如下所示。

```
No.2
No.4
No.0
No.6
No.7
No.5
No.9
No.8
```

可见，不使用进程锁，由于进程安全问题，有些序号没有被呈现到最终文件中。

5．使用 Semaphore 类控制资源同时访问数量

有些情况，需要限制同时执行的最大进程数，这时可以使用 Semaphore 类。Semaphore 类实例化时可以设置最大同时访问资源的进程数，使用 Semaphore 的 acquire()方法与 release()方法来请求与释放 Semaphore 控制。只有当同时获取 Semaphore 的进程数小于设定的最大值时，请求才会成功，否则会阻塞到有一进程释放，如代码清单 11-22 所示。

代码清单 11-22

```
1    import multiprocessing
2    import time
3    def worker(s, i):
4    s.acquire()
5    print(multiprocessing.current_process().name + "acquire");
6    time.sleep(i)
```

```
7    print(multiprocessing.current_process().name + "release");
8    s.release()
9    if __name__ == "__main__":
10   multiprocessing.freeze_support()
11   s = multiprocessing.Semaphore(2)
12   for i in range(5):
13   p = multiprocessing.Process(target = worker, args=(s, i+1))
14   p.start()
```

代码执行输出结果如图 11-20 所示。

```
C:\WINDOWS\system32\cmd.exe

F:\Python\第十一章>python 11-3-6.py
Process-3acquire
Process-5acquire
Process-3release
Process-4acquire
Process-5release
Process-1acquire
Process-1release
Process-2acquire
Process-4release
Process-2release

F:\Python\第十一章>
```

图 11-20 使用 Semaphore 限制访问资源的进程数

从输出中可以观察到，同时持有 Semaphore 的进程数最多仅为 2。

6．使用 Value 类与 Array 类在进程间共享变量

多进程 Python 程序运行时采用多 GIL 并行，因此多进程程序不能使用 global 关键字访问全局变量。为此，multiprocessing 模块提供了 Value 类与 Array 类使变量可以在内存中共享（使用时，请注意进程安全问题）。Value 类型和 Array 类型实例化时均需要两个参数，一个是共享变量的类型，另一个是共享变量的值。其中类型需要使用 Type code 表示，如表 11-1 所示。

表 11-1 Type code

Type code	Python Type
‘c’	character
‘b’	int
‘B’	int
‘u’	Unicode character
‘h’	int
‘H’	int
‘i’	int
‘I’	long
‘l’	int
‘L’	long
‘f’	float
‘d’	float

需要注意的是，Value 类与 Array 类自身同样不会保证进程安全，需要使用进程锁或者 multiprocessing 模块下的 Condition 类或 Event 类通信保证进程安全（multiprocess 模块下的 Conditon 类及 Event 类与多线程中的用法类似，不再赘述）。

例如，使用 Value 类与 Event 类实现生产消费者模型（本例 Conditon 使用的方式与多线程中 Condition 使用的方式稍有不同，两种方式都可以实现，本例中请求锁后一直使用 wait()与 notify()方法，而多线程一节中则除了使用 wait()与 notify()外，还不断地释放、重新请求锁。相比下，多线程一节中 Condition 的使用方式更加规范），如代码清单 11-23 所示。

代码清单 11-23

```
1   import multiprocessing
2   import time
3   def produce(event, v):
4   event.set()
5   while True:
6   if v.value == 'x':
7   print 'Prodecing...'
8   v.value = 'o'
9   event.set()
10  event.wait()
11  time.sleep(2)
12  def consume(event, v):
13  event.wait()
14  while True:
15  if v.value == 'o':
16  print 'Consuming...'
17  v.value = 'x'
18  event.set()
19  event.wait()
20  time.sleep(2)
21  if __name__ == "__main__":
22  multiprocessing.freeze_support()
23  product = multiprocessing.Value('c', 'x')
24  event = multiprocessing.Event()
25  p1 = multiprocessing.Process(target=produce, args=(event, product))
26  p2 = multiprocessing.Process(target=consume, args=(event, product))
27  p2.start()
28  p1.start()
```

代码运行输出结果如图 11-21 所示。

7．使用 Pipe 类在两个进程间通信

有时需要将一个进程中的一些值传递给另一个进程使用，这时，可以使用 multiprocessing 模块提供的 Pipe 类。

```
python 11-3-7.py
F:\Python\第十一章>python 11-3-7.py
Prodecing...
Consuming...
Prodecing...
Consuming...
Prodecing...
Consuming...
Prodecing...
Consuming...
Prodecing...
Consuming...
```

图 11-21　多进程生产消费者模型

Pipe 类实例化时会返回管道的两端，默认情况下两端可以互相通信。如果实例化时使用 False 参数，则只允许第一个管道端给第二个管道端发送信息。管道端有 send()与 recv()方法，在管道一端 send()的内容可以在另一端通过 recv()获取，如代码清单 11-24 所示。

代码清单 11-24

```
1   import multiprocessing
2   import time
3   def sender(pipe):
4   pipe.send("I love Python !")
5   def recver(pipe):
6   time.sleep(2)
7   print pipe.recv()
8   if __name__ == "__main__":
9   multiprocessing.freeze_support()
10  (pipe_1,pipe_2) = multiprocessing.Pipe()
11  p1 = multiprocessing.Process(target=sender,args=(pipe_1,))
12  p2 = multiprocessing.Process(target=recver,args=(pipe_2,))
13  p1.start()
14  p2.start()
```

这段代码的输出结果如图 11-22 所示。

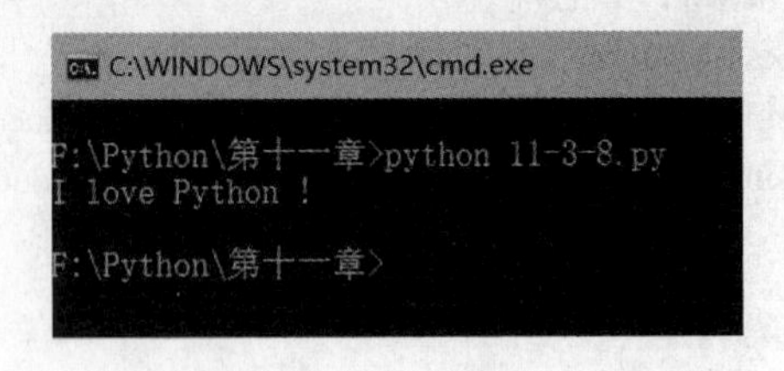

图 11-22　使用 Pipe 类多进程通信

8．使用 Queue 类实现多进程通信

Pipe 类可以允许两个进程间通信，而有时需要更多个进程间通信。例如在并行计算时，可能需要将大规模的数据并行计算，可能一次将所有要运算的数据分配给进程所需的进程数不足，所以需要一些进程运算完成后再取剩下的数据运算，此时，可以使用 multiprocessing

模块下的 Queue 类实现。

顾名思义，Queue 类是一个队列类，multiprocessing 模块下的 Queue 类操作与一般的 Queue 类相仿，而 multiprocessing 模块下的 Queue 类支持多进程共享。实例化 Queue 类时需要一个整形参数作为队列的大小。

multiprocessing 模块下的 Queue 的常用方法如表 11-2 所示。

表 11-2 Queue 的常用方法

Queue 的常用方法	说　明
Queue.qsize()	返回队列的实际大小
Queue.empty()	如果队列为空，返回 True，反之返回 False
Queue.full()	如果队列已满，返回 True，反之返回 False
Queue.put(item[,timeout])	向队尾添加，timeout 等待时间（队满时会阻塞）
Queue.get([block[, timeout]])	获取队列，timeout 等待时间（队空时会阻塞）
Queue.put_nowait(item)	非阻塞 put，失败时会抛出异常，相当于 Queue.put(item, False)
Queue.get_nowait(item)	非阻塞 get，失败时会抛出异常，相当于 Queue.get(False)

下面使用 Queue 类完成多生产者、单消费者的程序，如代码清单 11-25 所示。

代码清单 11-25

```
1   import multiprocessing
2   import time
3   def produce(queue,id):
4   timer = 0
5   while True:
6   time.sleep(1)
7   timer += 1
8   queue.put('***Process:'+str(id)+'-Product-' + str(timer) + '***')
9   def consume(queue):
10  while True:
11  print queue.get()
12  if __name__ == "__main__":
13  multiprocessing.freeze_support()
14  queue = multiprocessing.Queue(10)
15  for i in range(3):
16  multiprocessing.Process(target=produce, args=(queue,i)).start()
17  multiprocessing.Process(target=consume, args=(queue,)).start()
```

代码输出结果如图 11-23 所示。

9．Pool 进程池

对于少量进程并行，只需要创建进程执行即可。而有时可能需要创建数十个甚至上百个进程，此时，需要设置进程最大同时执行数来平衡进程的消耗。之前介绍的 Semaphore 可以实现这一功能，然而它采用的是类似锁的形式，操作比较烦琐，适用于对资源访问数量的控制。为了方便对进程数进行控制，可以使用 multiprocessing 模块提供的 Pool 类。

```
python 11-3-9.py

F:\Python\第十一章>python 11-3-9.py
***Process:2-Product-1***
***Process:0-Product-1***
***Process:1-Product-1***
***Process:2-Product-2***
***Process:1-Product-2***
***Process:0-Product-2***
***Process:2-Product-3***
***Process:1-Product-3***
***Process:0-Product-3***
***Process:2-Product-4***
***Process:1-Product-4***
***Process:0-Product-4***
```

图 11-23　使用 Queue 类多进程通信

实例化 Pool 对象时，需要设置 processes 参数，该参数表示允许同时运行的进程数。实例化 Pool 对象后，只需要操作 Pool 的实例即可。

Pool 的实例有如表 11-3 所示的常用方法。

表 11-3　Pool 常用方法

Pool 的常用方法	说　明
apply_async(func[, args[, kwds[, callback]]])	添加异步进程，其他进程不会等待其执行后再执行 （主进程结束时，异步进程会立即结束）
apply(func[, args[, kwds]])	添加同步进程，其他进程会等待其执行后再执行
close()	封锁线程池，使其不再接受新的任务
terminate()	关闭线程池中的所有任务
join()	阻塞主线程，等待 pool 中的所有任务执行后再执行 使用 join()方法可以用于使主进程等待异步进程结束后再结束 （join 方法只能在 close()或 terminate()后使用）

可通过下例来体会异步进程与同步进程的区别，如代码清单 11-26 所示。

代码清单 11-26

```
1  import multiprocessing
2  import time
3  def func(sleeptime, id):
4  time.sleep(sleeptime)
5  print "Process-" + str(id) + " finished at : " + time.strftime('%Y-%m-%d %H:%M:%S', time.localtime
   (time.time())) + "\n"
6  if __name__ == '__main__':
7  multiprocessing.freeze_support()
8  pool = multiprocessing.Pool(processes=3)
9  pool.apply(func, (2, 1))
```

```
10    pool.apply(func, (2, 2))
11    pool.apply_async(func, (1, 3))
12    pool.apply_async(func, (10, 4))
13    print "Main Process ran at : " + time.strftime('%Y-%m-%d %H:%M:%S', time.localtime(time.time())) + "\n"
14    time.sleep(5)
```

这段代码的输出结果如图 11-24 所示。

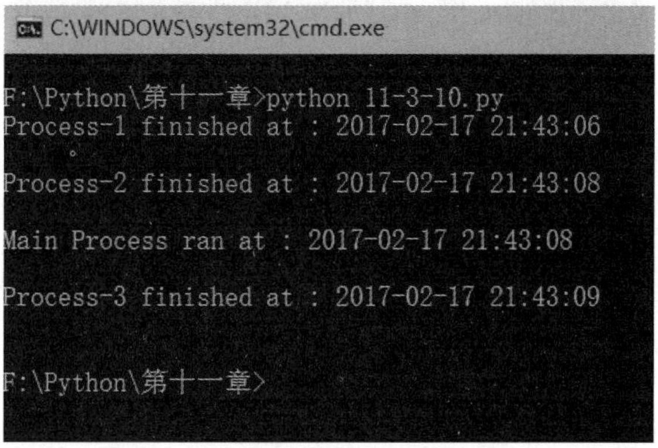

```
C:\WINDOWS\system32\cmd.exe

F:\Python\第十一章>python 11-3-10.py
Process-1 finished at : 2017-02-17 21:43:06
  。
Process-2 finished at : 2017-02-17 21:43:08

Main Process ran at : 2017-02-17 21:43:08

Process-3 finished at : 2017-02-17 21:43:09


F:\Python\第十一章>
```

图 11-24　使用 Pool 进程池

从输出中可以看出，同步进程 1、2 执行时其他进程处于阻塞状态，等执行完以后，主进程与异步进程 3 同时开始执行，异步进程 3 等待 1s 后输出，而异步进程 4 在主进程结束前仍未输出，因此它与主进程一同结束，无输出。

为了使异步进程执行完毕后再结束主进程，可以使用 join()方法阻塞主进程，如代码清单 11-27 所示。

代码清单 11-27

```
1     import multiprocessing
2     import time
3     def func(sleeptime, id):
4     time.sleep(sleeptime)
5     print "Process-" + str(id) + " finished at : " + time.strftime('%Y-%m-%d %H:%M:%S',
      time.localtime (time.time())) + "\n"
6     if __name__ == '__main__':
7     multiprocessing.freeze_support()
8     pool = multiprocessing.Pool(processes=3)
9     pool.apply(func, (2, 1))
10    pool.apply(func, (2, 2))
11    pool.apply_async(func, (1, 3))
12    pool.apply_async(func, (10, 4))
13    print "Main Process ran at : " + time.strftime('%Y-%m-%d %H:%M:%S', time.localtime(time.time())) + "\n"
14    pool.close()
15    pool.join()
```

这段代码的输出结果如图 11-25 所示。

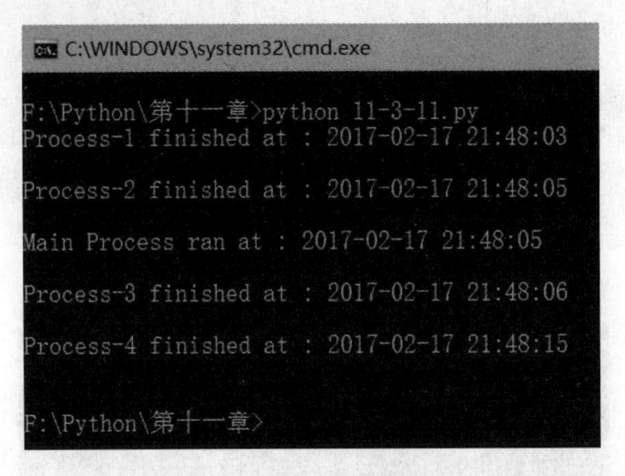

图 11-25　加入 join 的进程池

可见，使用 join 后，主进程会等待 Pool 中的所有进程执行结束后再退出。

习题

一、简述题

1. 如何使用多线程安全地读写一个文本文件，保证每次写入一行的内容连续。

2. 在 CPython 环境下，对于 CPU 密集的操作，应该使用多线程编程还是多进程编程？为什么？

二、实践题

使用多线程或多进程写入文本，每个进程写入一行由 100 个相同字符组成的字符串，同时有 100 个进程或线程并发，保证每行内容完整且正确。

第 12 章　使用 Python 进行 GUI 开发

本章首先介绍 Python 语言中的 GUI 编程；然后详细介绍 Tkinter 的主要组件；最后通过实践，让读者使用 Tkinter 进行 GUI 编程，包括用户界面设计、创建菜单、创建游戏面板，以及将用户界面与游戏连接等步骤。

12.1　GUI 编程简介

在此前的章节中，程序都是在控制台运行且完成用户交互（如输入、输出数据）的。然而，单调的命令行界面不仅让没有太多计算机专业背景的用户难以接受，更极大地限制了程序使用效率。20 世纪 80 年代苹果公司首先将 GUI（Graphical User Interface，图形化用户界面）引入计算机领域，其提供的 Macintosh 系统以其全鼠标、下拉菜单式操作和直观的图形界面，引发了微机人机界面的历史性变革。可以说，GUI 的开发直接影响到终端用户的使用感受和使用效率，是软件质量最直观的体现。

使用 Python 语言，可以通过多种 GUI 开发库进行 GUI 开发，包括内置在 Python 中的 Tkinter，以及优秀的跨平台 GUI 开发库 PyQt 和 wxPython 等。本章将以 Tkinter 为例介绍 Python 中的 GUI 开发，在本章最后，读者将完成一个简单的三连棋游戏的设计。

下面首先简要介绍两个 GUI 编程中的基础概念。

12.1.1　窗口与组件

GUI 开发过程中，会首先创建一个顶层窗口，该窗口是一个容器，可以存放程序所需的各种按钮、下拉列表框和单选按钮等组件。每种 GUI 开发库都拥有大量的组件，可以说一个 GUI 程序就是由各种不同功能的组件组成的。

顶层窗口作为一个容器，包含了所有的组件；而组件本身也可充当一个容器，用于包含其他一些组件。这些包含其他组件的组件被称为父组件，被包含的组件被称为子组件。这是一种相对的概念，组件的所属关系通常可以用树来表示。

12.1.2　事件驱动与回调机制

当每个 GUI 组件都构建并布局完毕之后，程序的界面设计阶段就算完成了。但是此时的用户界面只能看而不能用，接下来还需要为每个组件添加相应的功能。

用户在使用 GUI 程序时，会进行各种操作，如鼠标移动、鼠标单击及按下键盘按键等，这些操作均称为事件。同时，每个组件也对应着一些自己特有的事件，如在文本框中输入文本、拖拉滚动条等。可以说，整个 GUI 程序都是在事件驱动下完成各项功能的。GUI 程序从启动时就会一直监听这些事件，当某个事件发生时程序就会调用对应的事件处理函数做出相应的响应，这种机制被称为回调，而事件对应的处理函数被称为回调函数。

因此，为了让一个 GUI 界面具有预期功能，只需为每个事件编写合理的回调函数即可。

12.2　Tkinter 的主要组件

Tkinter 是标准的 Python GUI 库，它可以帮助用户快速而容易地完成一个 GUI 应用程序的开发。使用 Tkinter 库创建一个 GUI 程序只需要以下几个步骤。

- 导入 Tkinter 模块。
- 创建 GUI 应用程序的主窗口（顶层窗口）。
- 添加完成程序功能所需要的组件。
- 编写回调函数。
- 进入主事件循环，对用户触发的事件做出响应。

下面的代码清单 12-1 展示了前两个步骤，通过这段代码就可以创建出如图 12-1 所示的空白主窗口。

代码清单 12-1

```
1    #coding:utf-8
2    import Tkinter                              #导入 Tkinker 模块
3    top = Tkinter.Tk()                          #创建应用程序主窗口
4    top.title(u"主窗口")
5    top.mainloop()                              #进入事件主循环
```

在本节接下来的部分中，将介绍如何在这个空白的主窗口上构建所需要的组件，而如何将这些组件与事件绑定将在下一节中以实例的形式展示。

图 12-1　空白主窗口

12.2.1　标签

标签（Label）是用来显示图片和文本的组件，它可以用来给一些其他组件添加所要显示的文本。下面将为上面创建的主窗口添加一个标签，在标签内显示两行文字，如代码清单 12-2 所示。

代码清单 12-2

```
1    #coding:utf-8
2    from Tkinter import *
3    top = Tk()
4    top.title(u"主窗口")
5    label = Label(top, text="Hello World,\nfrom Tkinter")        #创建标签组件
6    label.pack()                                                 #将组件显示出来
7    top.mainloop()                                               #进入事件主循环
```

程序运行结果如图 12-2 所示。值得一提的是，text 只是 Label 的一个属性，如同其他组件一样，Label 还提供了很多设置，可以改变其外观或行为。具体细节可以参考 Python 开发

者文档。

图 12-2　标签

12.2.2　框架

框架（Frame）是其他各种组件的一个容器，通常是用来包含一组控件的主体。可以定制框架的外观，代码清单 12-3 中展示了如何定义不同样式的框架。

代码清单 12-3

```
1   #coding:utf-8
2   from Tkinter import *
3   top = Tk()
4   top.title(u"主窗口")
5   for relief_setting in ["raised", "flat", "groove", "ridge", "solid", "sunken"]:
6   frame = Frame(top, borderwidth=2, relief=relief_setting)            #定义框架
7   Label(frame, text=relief_setting, width=10).pack()
8   #显示框架，并设定向左排列，左、右，上、下间隔距离均为 5 像素
9   frame.pack(side=LEFT, padx=5, pady=5)
10  top.mainloop()                                                       #进入事件主循环
```

代码的运行结果如图 12-3 所示，可以通过这一列并排的框架看出不同样式的区别。其中，为了显示浮雕模式的效果，必须将宽度 borderwidth 设置为大于 2 的值。

在 12.2.4 节中读者还将看到如何在图形界面构建中使用框架。

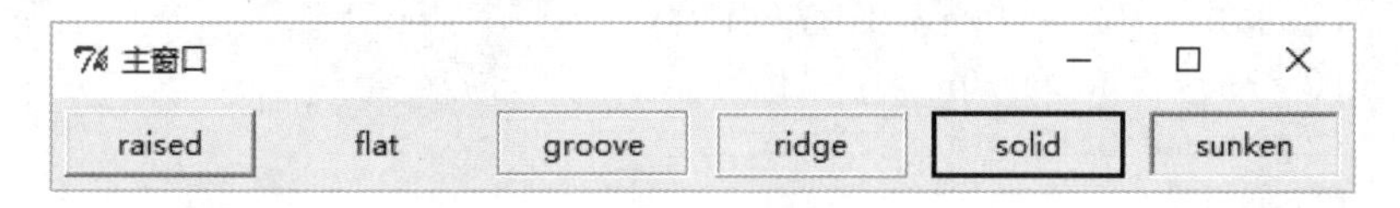

图 12-3　框架

12.2.3　按钮

按钮（Button）是接受用户鼠标单击事件的组件。可以使用按钮的 command 属性为每个按钮绑定一个回调程序，用于处理按钮被单击时的事件响应。同时，也可以通过其 state 属性禁用一个按钮的单击行为。代码清单 12-4 展示了这个功能。

代码清单 12-4

```
1   #coding:utf-8
2   from Tkinter import *
3   top = Tk()
4   top.title(u"主窗口")
5   bt1 = Button(top, text=u"禁用", state=DISABLED)             #将按钮设置为禁用状态
6   bt2 = Button(top, text=u"退出", command=top.quit)           #设置回调函数
7   bt1.pack(side=LEFT)
8   bt2.pack(side=LEFT)
9   top.mainloop()                                              #进入事件主循环
```

程序运行结果如图 12-4 所示。其中，可以明显地看出“禁用”按钮是灰色的，并且单击该按钮不会有任何反应；“退出”按钮被绑定了回调函数 top.quit，当单击该按钮后，主窗口会从主事件循环 mainloop 中退出。

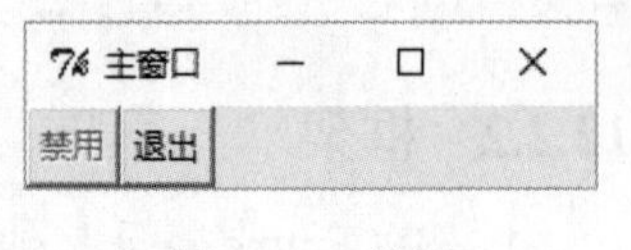

图 12-4　按钮

12.2.4　输入框

输入框（Entry）是用来接收用户文本输入的组件。代码清单 12-5 展示了一个登录页面的界面构建。

代码清单 12-5

```
1   #coding:utf-8
2   from Tkinter import *
3   top = Tk()
4   top.title(u"登录")
5   #第一行框架
6   f1 = Frame(top)
7   Label(f1, text=u"用户名").pack(side=LEFT)
8   E1 = Entry(f1, width=30)
9   E1.pack(side=LEFT)
10  f1.pack()
11  #第二行框架
12  f2 = Frame(top)
13  Label(f2, text=u"密　码").pack(side=LEFT)
14  E2 = Entry(f2, width=30)
15  E2.pack(side=LEFT)
16  f2.pack()
17  #第三行框架
18  f3 = Frame(top)
19  Button(f3, text=u"登录").pack()
20  f3.pack()
21  top.mainloop()
```

代码的运行效果如图 12-5 所示。在上述代码中，利用了框架来帮助布局其他的组件。在前两个框架组件中，分别加入了标签和输入框组件，提示并接受用户输入。在最后一个框架组件中，加入了登录按钮。

最后，与按钮相同，可以通过将 state 属性设置为 DISABLED 的方式禁用输入框，以禁止用户输入或修改输入框中的内容，这里不再赘述。

图 12-5　登录界面

12.2.5　单选按钮和复选按钮

单选按钮（Radiobutton）和复选按钮（Checkbutton）是提供给用户进行选择输入的两种组件。前者是排他性选择，即用户只能选取一组选项中的一个选项；而后者可以支持用户选择多个选项。它们的创建方式也略有不同：当创建一组单选按钮时，必须将这一组单选按钮与一个相同的变量关联起来，以设定或获得单选按钮组当前的选中状态；当创建一个复选按钮时，需要将每一个选项与一个不同的变量相关联，以表示每个选项的选中状态。同样，这两种按钮也可以通过 state 属性被设置为禁用。

单选按钮的例子如代码清单 12-6 所示。

代码清单 12-6

```
1   #coding:utf-8
2   from Tkinter import *
3   top = Tk()
4   top.title(u"单选")
5   f1 = Frame(top)
6   choice = IntVar(f1)                                    #定义动态绑定变量
7   for txt, val in [('1', 1), ('2', 2), ('3', 3)]:
8   #将所有的选项与变量 choice 绑定
9   r = Radiobutton(f1, text=txt, value=val, variable=choice)
10  r.pack()
11  choice.set(1)                                          #设定默认选项
12  Label(f1, text=u"您选择了:").pack()
13  Label(f1, textvariable=choice).pack()                  #将标签与变量动态绑定
14  f1.pack()
15  top.mainloop()
```

在这个例子中，将变量 choice 与三个单选按钮绑定实现了一个单选框的功能。同时，变量 choice 也通过动态标签属性 textvariable 与一个标签绑定，当选择不同的选项时，变量 choice 的值发生变化，并在标签中动态地显示出来。例如，在图 12-6 中选择了第二个选项，最下方的标签就会更新为 2。

多选按钮的例子如代码清单 12-7 所示。

代码清单 12-7

```
1   #coding:utf-8
2   from Tkinter import *
3   top = Tk()
4   top.title(u"多选")
5   f1 = Frame(top)
6   choice = {}                                  #存放绑定变量的字典
7   cstr = StringVar(f1)
8   cstr.set("")
9   def update_cstr():
10  #被选中选项的列表
11  selected = [str(i) for i in [1, 2, 3] if choice[i].get() == 1]
12  #设置动态字符串 cstr，用逗号连接选中的选项
13  cstr.set(",".join(selected))
14  for txt, val in [('1', 1), ('2', 2), ('3', 3)]:
15  ch = IntVar(f1)                              #建立与每个选项绑定的变量
```

```
16    choice[val] = ch                                             #将绑定的变量加入字典 choice 中
17    r = Checkbutton(f1, text=txt, variable=ch, command=update_cstr)
18    r.pack()
19    Label(f1, text=u"您选择了:").pack()
20    Label(f1, textvariable=cstr).pack()                          #将标签与变量字符串 cstr 绑定
21    f1.pack()
22    top.mainloop()
```

在这个例子中，分别将三个不同的变量与三个多选按钮绑定，并为每个多选按钮设置了回调函数 update_cstr。当选中一个多选选项时，回调函数 update_cstr 就会被触发，该函数会根据与每个选项绑定变量的值确定每个选项是否被选中（当被选中时，其对应的变量值为 1，否则为 0），并将选择结果保存在以逗号分隔的动态字符串 cstr 中，最终该字符串会在标签中被显示。例如，在图 12-7 中选中了 2 和 3 两个选项，在最下方的标签中就会显示这两个选项被选中的信息。

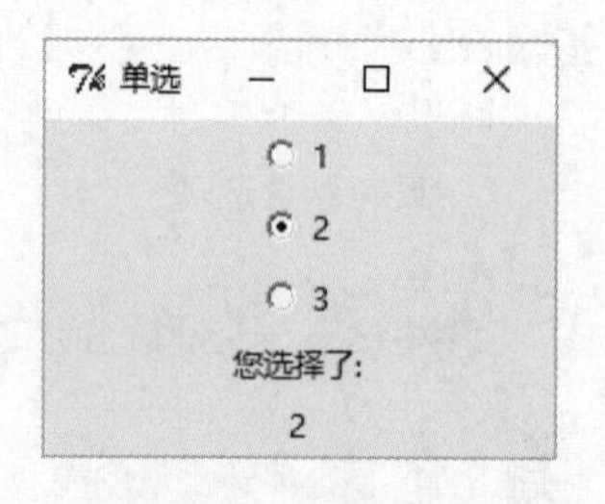

图 12-6　单选按钮

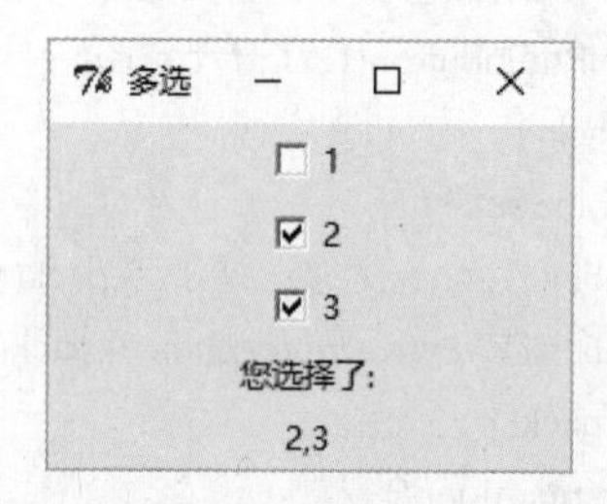

图 12-7　多选按钮

12.2.6　列表框与滚动条

列表框（Listbox）会用列表的形式展示多个选项以供用户选择。同时，在某些情况下这个列表会比较长，还可以为列表框添加一个滚动条（Scrollbar）以处理界面上显示不下的情况。代码清单 12-8 所示是一个简单的例子，其运行结果如图 12-8 所示。

代码清单 12-8

```
1     #coding:utf-8
2     from Tkinter import *
3     top = Tk()
4     top.title(u"列表框")
5     scrollbar = Scrollbar(top)                                   #创建滚动条
6     scrollbar.pack(side=RIGHT, fill=Y)                           #设置滚动条布局
7     #将列表与滚动条绑定，并加入主窗体
8     mylist = Listbox(top, yscrollcommand=scrollbar.set)
9     for line in range(20):
10    mylist.insert(END, str(line))                                #向列表尾部插入元素
11    mylist.pack(side=LEFT, fill=BOTH)                            #设置列表布局
12    scrollbar.config(command=mylist.yview)                       #将滚动条行为与列表绑定
13    mainloop()
```

12.2.7　画布

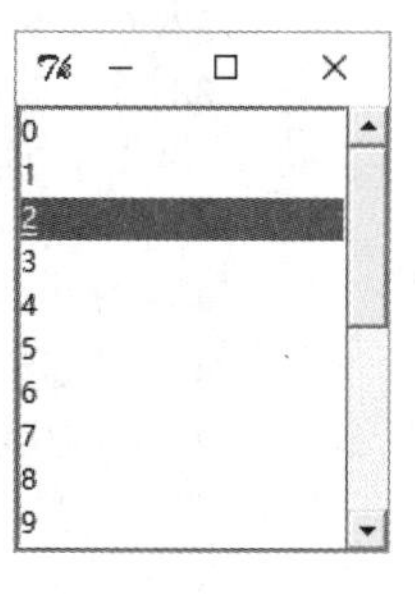

图 12-8　列表框

可以使用 create_rectangle、create_oval、create_arc、create_polygon 和 create_line 函数分别在画布上绘制出矩形、椭圆、圆弧、多边形或者线段。

代码清单 12-9 显示了如何使用画布空间。程序显示了一个矩形、一个椭圆、一段圆弧、一个多边形、两条线段和一个字符串。这些对象都由按钮控制。程序的输出结果如图 12-9 所示。

代码清单 12-9

```
1  from Tkinter import *
2  class CanvasDemo:
3   def __init__(self):
4  window = Tk()
5  window.title('Canvas Demo')                    #设置标题
6  #放置画布
7  self.canvas = Canvas(window, width=200, height=100, bg='white')
8  self.canvas.pack()
9  #放置按钮
10 frame = Frame(window)
11 frame.pack()
12 btRectangle = Button(frame, text='Rectangle',
13 command=self.displayRect)
14 btOval = Button(frame, text='Oval',
15 command=self.displayOval)
16 btArc = Button(frame, text='Arc',
17 command=self.displayArc)
18 btPolygon = Button(frame, text='Polygon',
19 command=self.displayPolygon)
20 btLine = Button(frame, text='Line',
21 command=self.displayLine)
22 btString = Button(frame, text='String',
23 command=self.displayString)
24 btClear = Button(frame, text='Clear',
25 command=self.clearCanvas)
26 btRectangle.grid(row=1, column=1)
27 btOval.grid(row=1, column=2)
28 btArc.grid(row=1, column=3)
29 btPolygon.grid(row=1, column=4)
30 btLine.grid(row=1, column=5)
31 btString.grid(row=1, column=6)
32 btClear.grid(row=1, column=7)
33 window.mainloop()                                #进入主循环
34 #显示矩形
35 def displayRect(self):
36 self.canvas.create_rectangle(10, 10, 190, 90,
```

```
37          tags='rect')
38      #显示椭圆
39      def displayOval(self):
40          self.canvas.create_oval(10, 10, 190, 90,
41          fill='red', tags='oval')
42      #显示圆弧
43      def displayArc(self):
44          self.canvas.create_arc(10, 10, 190, 90,
45          start=0, extent=90, width=8, fill='red', tags='arc')
46      #显示多边形
47      def displayPolygon(self):
48          self.canvas.create_polygon(10, 10, 190, 90, 30, 50,
49          tags='polygon')
50      #显示线段
51      def displayLine(self):
52          self.canvas.create_line(10, 10, 190, 90,
53          fill='red', tags='line')
54          self.canvas.create_line(10, 90, 190, 10, width=9,
55          arrow='last', activefill='red', tags='line')
56      #显示字符串
57      def displayString(self):
58          self.canvas.create_text(60, 40, text='Hi, Canvas',
59          font="Times 10 bold underline", tags='string')
60      #清空画布
61      def clearCanvas(self):
62          self.canvas.delete('rect', 'oval', 'arc', 'polygon', 'line', 'string')
63  CanvasDemo()
```

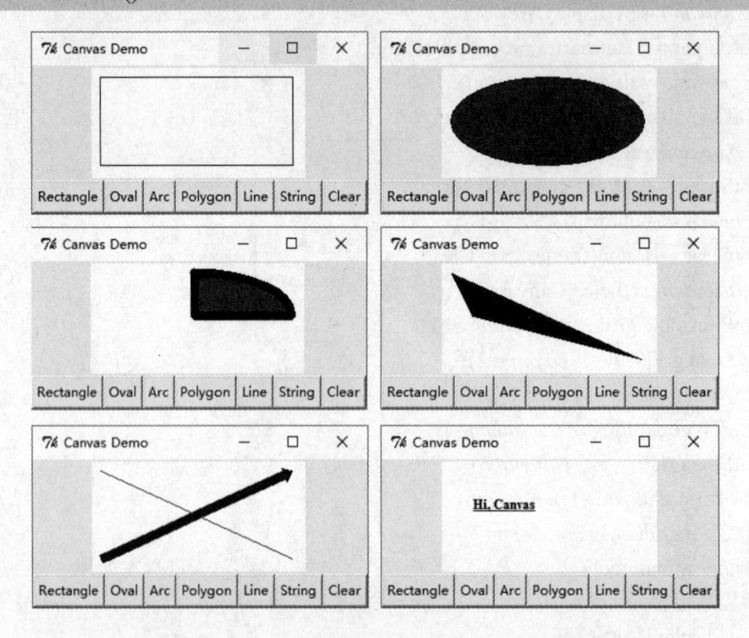

图 12-9　在画布上绘制几何图形和字符串

12.2.8 标准对话框

最后，来看一下 Tkinter 的标准对话框（通常也被简称为对话框）。代码清单 12-10 给出了使用这些对话框的例子。程序的运行结果如图 12-10 所示。

代码清单 12-10

```
1   import tkMessageBox
2   import tkSimpleDialog
3   #普通信息对话框
4   tkMessageBox.showinfo("showinfo", "This is an info message.")
5   #警告对话框
6   tkMessageBox.showwarning("showwarning", "This is a warning.")
7   #错误对话框
8   tkMessageBox.showerror("showerror", "This is an error.")
9   #是否对话框
10  isYes = tkMessageBox.askyesno("askyesno" < "Continue?")
11  print isYes
12  #OK/取消对话框
13  isOK = tkMessageBox.askokcancel("askokcancle", "OK?")
14  print isOK
15  #Yes/No/取消对话框
16  isYesNoCancle = tkMessageBox.askyesnocancel("askyesnocancel",
17  "Yes, No, Cancle?")
18  print isYesNoCancle
19  #填写信息对话框
20  name = tkSimpleDialog.askstring("asksttring", "Enter you name")
21  print name
```

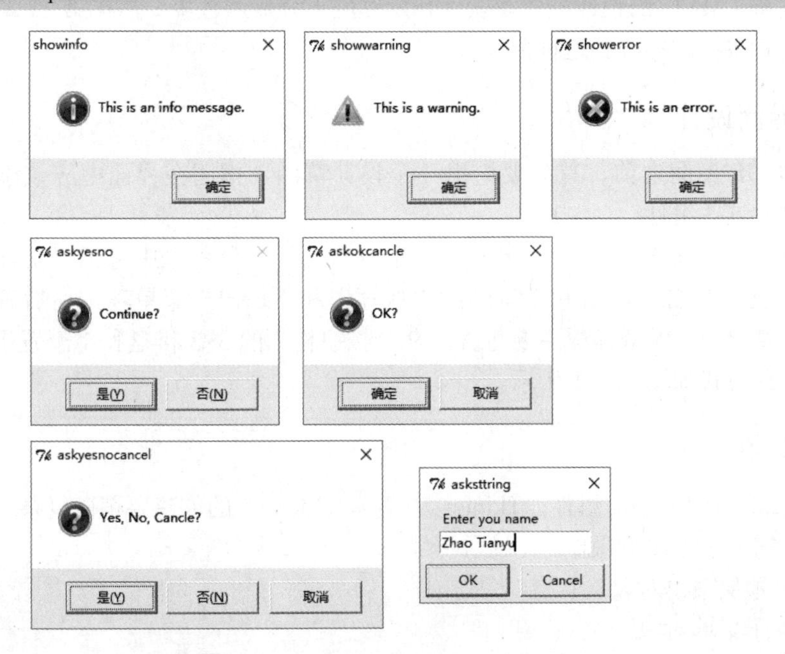

图 12-10　标准对话框

程序调用 showinfo、showwarning 和 showerror 函数来显示一条消息（第 4 行）、一个警告（第 6 行）和一个错误（第 8 行）。这些函数都被定义在 tkMessageBox 模块中。

askyesno 函数在对话框中显示“是”和“否”按钮（第 10 行）。如果单击“是”按钮，则函数返回 True；而如果单击“否”按钮，则函数将返回 False。

askokcancle 函数在对话框中显示“确定”和“取消”按钮（第 13 行）。如果单击“确定”按钮，则函数返回 True；如果单击“取消”按钮，则函数返回 False。

askyesnocancle 函数（第 16～17 行）在对话框中显示“是”“否”和“取消”按钮。如果单击“是”按钮，则函数返回 True；如果单击“否”按钮，则函数返回 False；而如果单击“取消”按钮，则函数返回 None。

askstring 函数（第 20 行）会在单击对话框中的“OK”按钮时返回对话框中输入的字符串；而单击“取消”按钮时返回 None。

由于篇幅所限，一些本节没有介绍的组件（如菜单 Menu）和相关组件设置将通过下一节的实例向读者展示。关于更多的组件及细节可以参考 Python 的官方文档。

12.3 实例：使用 Tkinter 进行 GUI 编程——三连棋游戏

在本节中，将通过一个真实的案例帮助读者进一步掌握使用 Tkinter 进行 GUI 编程的方法。这个案例是一个简单的三连棋游戏，与五子棋类似，游戏规则是：两个玩家在一个 3×3 的棋盘上交替落子，首先在横、竖或对角线方向连满三个棋子的玩家胜利。

在这个项目的开发过程中，首先设计用户界面，然后依次创建菜单和游戏面板，随后将游戏逻辑与界面连接起来。这个过程体现了模型-视图-控制器（MVC）的设计模式，其中，用户界面被称为视图，游戏逻辑层和数据层为模型，控制器中的代码负责视图和模型间的交互和依赖关系。MVC 的设计模式在软件开发领域十分普遍且重要，在第 15 章关于 Web 开发的介绍中读者将再次体会到这种模式。

12.3.1 用户界面设计

创建一个 GUI 界面之前，首先要给出一个设计草图，指明在界面中应该添加哪些组件，以及如何排列这些组件。

在三连棋游戏中，希望有一个菜单栏和一个游戏面板。菜单栏中包括“文件”和“帮助”两个菜单，前者包含“新游戏”“恢复”“保存”和“退出”菜单项，而后者包含“帮助”和“关于”菜单项。游戏面板主要包含由 9 个按钮构成的 3×3 棋盘和 1 个置于窗口底端的状态栏。其布局方式如图 12-11 所示。

12.3.2 创建菜单

相比于 12.2.8 节中介绍的组件，Tkinter 中菜单（Menu）的创建要稍微复杂一些。为了创建一个菜单，需要进行以下操作。

- 创建一个顶层菜单对象。
- 创建下拉子菜单对象。
- 利用子菜单的 add_command 方法添加菜单项，并绑定回调函数。

- 利用顶层菜单的 add_cascade 方法将下拉子菜单添加到顶层菜单中。
- 将顶层菜单对象与主窗口绑定。

通过如代码清单 12-11 中所示的代码，为三连棋游戏创建了菜单栏，运行结果如图 12-12 所示。

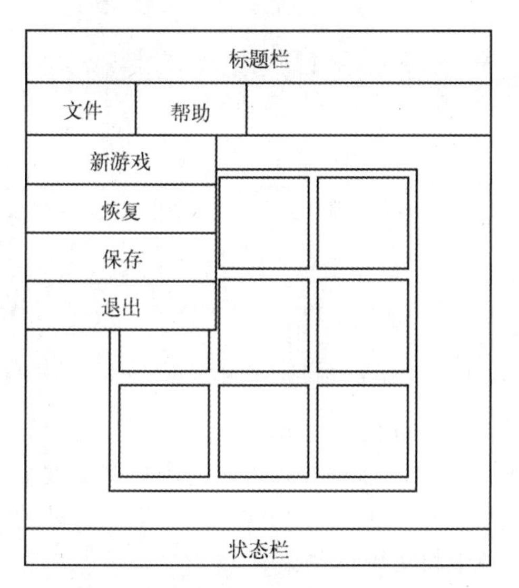

图 12-11　布局方式

图 12-12　创建菜单栏

代码清单 12-11

```
1   #coding:utf-8
2   import Tkinter as tk
3   import tkMessageBox as mb                    #导入消息框
4   top = tk.Tk()
5   def buildMenu(parent):
6   menus = (
7   (u"文件", ((u"新游戏", evNew),
8   (u"恢复", evResume),
9   (u"保存", evSave),
10  (u"退出", evExit))),
11  (u"帮助", ((u"帮助", evHelp),
12  (u"关于", evAbout)))
13  )
14  #建立顶层菜单对象
15  menubar = tk.Menu(parent)
16  for menu in menus:
17  #建立下拉子菜单对象
18  m = tk.Menu(parent)
19  for item in menu[1]:
20  #向下拉子菜单中添加菜单项
21  m.add_command(label=item[0], command=item[1])
22  #向顶层菜单中添加子菜单（“文件”和“帮助”）
```

```
23 menubar.add_cascade(label=menu[0], menu=m)
24 return menubar
25 def dummy():
26 mb.showinfo("Dummy", "Event to be done")
27 evNew = dummy
28 evResume = dummy
29 evSave = dummy
30 evExit = top.quit
31 evHelp = dummy
32 evAbout = dummy
33 #创建菜单栏
34 mbar = buildMenu(top)
35 #将菜单与主窗口绑定
36 top["menu"] = mbar
37 tk.mainloop()
```

在上面的代码中，首先将菜单结构定义在一个嵌套元组 menus 里，然后使用循环的方式将菜单项加入子菜单，以及将子菜单加入顶层菜单，这种方式可以为用户避免大量重复代码的输入。需要说明的是，在本节中并没有实现菜单项的具体功能，除“退出”外的菜单项都只与一个测试函数 dummy 绑定，在 12.3.4 节中将实现这些菜单项的功能。

12.3.3 创建游戏面板

创建完菜单后，就要开始游戏面板的创建了。首先创建一个框架来作为游戏面板的容器，随后在该框架中依次构建由 9 个按钮组成的棋盘和 1 个标签充当的状态栏。同样，在本节中，只创建游戏面板的界面，而界面中按钮的功能没有被实现，它们的单击事件与一个测试函数 evClick 绑定。

代码清单 12-12 所示为游戏面板创建部分的代码，这里只列出了较上一小节新增的部分，运行效果如图 12-13 所示。

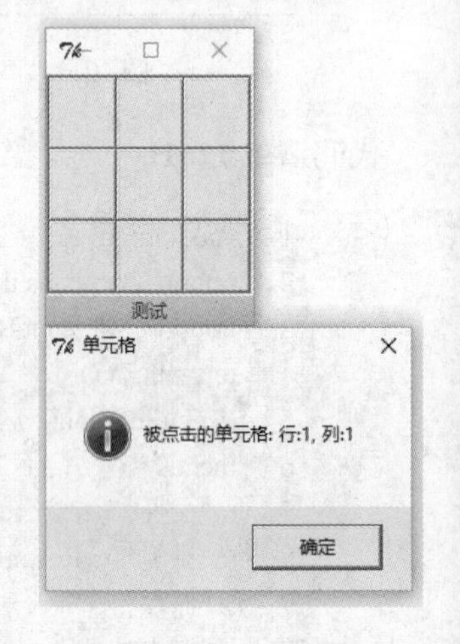

图 12-13　游戏面板

代码清单 12-12

```
1 #coding:utf-8
2 import Tkinter as tk
3 import tkMessageBox as mb
4 top = tk.Tk()
5 def evClick(row, col):
6 mb.showinfo(u"单元格", u"被单击的单元格：行:{}，列:{}".format(row, col))
7 def buildBoard(parent):
8 outer = tk.Frame(parent, border=2, relief="sunken")
9 inner = tk.Frame(outer)
10 inner.pack()
11 #创建棋盘上的按钮（棋子）
```

```
12  for row in range(3):
13  for col in range(3):
14  cell = tk.Button(inner, text=" ", width="5", height="2",
15  command=lambda r=row, c=col: evClick(r, c))
16  cell.grid(row=row, column=col)
17  return outer
18  #创建棋盘
19  board = buildBoard(top)
20  board.pack()
21  #创建状态栏
22  status = tk.Label(top, text=u"测试", border=0,
23  background="lightgrey", foreground="red")
24  status.pack(anchor="s", fill="x", expand=True)
25  tk.mainloop()
```

12.3.4 将用户界面与游戏连接

由于采取了 MVC 的设计模式，将逻辑层（游戏功能）和表示层（用户界面）的开发过程分开，因此在前面的两个小节中，只构建了用户界面，而没有实现任何功能。在本节中，将首先给出游戏功能的实现，随后重点介绍如何将游戏功能与用户界面连接起来，构成一个完整的 GUI 程序。

代码清单 12-13 给出的 oxo_data 模块主要负责游戏数据的保存与读取，代码清单 12-14 给出的 oxo_logic 模块主要负责三连棋的游戏逻辑。

代码清单 12-13

```
1   #coding:utf-8
2   import os.path
3   game_file = "oxogame.dat"
4   #获取文件路径以保存和读取游戏
5   def _getPath():
6   try:
7   game_path = os.environ['HOMEPATH'] or os.environ['HOME']
8   if not os.path.exists(game_path):
9   game_path = os.getcwd()
10  except (KeyError, TypeError):
11  game_path = os.getcwd()
12  return game_path
13  #将游戏保存到文件中
14  def saveGame(game):
15  path = os.path.join(_getPath(), game_file)
16  try:
17  with open(path, 'w') as gf:
18  gamestr = ''.join(game)
19  gf.write(gamestr)
20  except FileNotFoundError:
```

```
21    print("Failed to save file")
22    #从文件中恢复游戏对象
23    def restoreGame():
24    path = os.path.join(_getPath(), game_file)
25    with open(path) as gf:
26    gamestr = gf.read()
27    return list(gamestr)
```

代码清单 12-14

```
1     #coding:utf-8
2     import random
3     import oxo_data
4     #返回一个新游戏
5     def newGame():
6     return list(" " * 9)
7     #存储游戏
8     def saveGame(game):
9     ' save game to disk '
10        oxo_data.saveGame(game)
11    #恢复存档游戏，若没有存档则返回新游戏
12    def restoreGame():
13    try:
14    game = oxo_data.restoreGame()
15    if len(game) == 9:
16    return game
17    else:
18    return newGame()
19    except IOError:
20    return newGame()
21    #随机返回一个空的可用棋盘位置，若棋盘已满则返回-1
22    def _generateMove(game):
23    options = [i for i in range(len(game)) if game[i] == " "]
24    if options:
25    return random.choice(options)
26    else:
27    return -1
28    #判断玩家是否胜利
29    def _isWinningMove(game):
30    wins = ((0, 1, 2), (3, 4, 5), (6, 7, 8),
31    (0, 3, 6), (1, 4, 7), (2, 5, 8),
32    (0, 4, 8), (2, 4, 6))
33    for a, b, c in wins:
34    chars = game[a] + game[b] + game[c]
35    if chars == 'XXX' or chars == 'OOO':
36    return True
37    return False
```

```
38  def userMove(game, cell):
39  if game[cell] != ' ':
40  raise ValueError('Invalid cell')
41  else:
42  game[cell] = 'X'
43  if _isWinningMove(game):
44  return 'X'
45  else:
46  return ""
47  def computerMove(game):
48  cell = _generateMove(game)
49  if cell == -1:
50  return 'D'
51  game[cell] = 'O'
52  if _isWinningMove(game):
53  return 'O'
54  else:
55  return ""
```

在游戏功能部分开发完之后，就需要将用户界面与实际功能连接起来。在游戏中，主要是通过编写绑定在棋盘按钮上的 evClick 函数实现的。此外，还有一些琐碎的工作没有做，如菜单事件处理程序的填充、状态栏内容的更新等。关于这些细节的处理可以在代码清单 12-15 的主模块中看到。

代码清单 12-15

```
1   #coding:utf-8
2   import Tkinter as tk
3   import tkMessageBox as mb
4   import oxo_logic                                    #游戏逻辑
5   top = tk.Tk()
6   #创建菜单
7   def buildMenu(parent):
8   menus = (
9   (u"文件", ((u"新游戏", evNew),
10  (u"恢复", evResume),
11  (u"保存", evSave),
12  (u"退出", evExit))),
13  (u"帮助", ((u"帮助", evHelp),
14  (u"关于", evAbout)))
15  )
16  menubar = tk.Menu(parent)
17  or menu in menus:
18  m = tk.Menu(parent)
19  for item in menu[1]:
20  m.add_command(label=item[0], command=item[1])
21  menubar.add_cascade(label=menu[0], menu=m)
```

```
22    return menubar
23    #新游戏事件
24    def evNew():
25    status['text'] = u"游戏中"
26    game2cells(oxo_logic.newGame())
27    #恢复游戏事件
28    def evResume():
29    status['text'] = u"游戏中"
30    game = oxo_logic.restoreGame()
31    game2cells(game)
32    #存储游戏事件
33    def evSave():
34    game = cells2game()
35    oxo_logic.saveGame(game)
36    #退出游戏事件
37    def evExit():
38    if status['text'] == u"游戏中":
39    if mb.askyesno(u"退出", u"是否想在退出前保存？"):
40    evSave()
41    top.quit()
42    #帮助事件
43    def evHelp():
44    mb.showinfo(u"帮助", u'''
45    文件->新游戏：开始一局新游戏
46    文件->恢复：恢复上次保存的游戏
47    文件->保存：保存现在的游戏.
48    文件->退出：退出游戏
49    帮助->帮助：帮助
50    帮助->关于：展示作者信息''')
51    #关于事件
52    def evAbout():
53    mb.showinfo(u"关于", u"由 ztypl 开发的 GUI 演示程序")
54    #点击事件
55    def evClick(row, col):
56    if status['text'] == u"游戏结束":
57    mb.showerror(u"游戏结束", u"游戏结束!")
58    return
59    game = cells2game()
60    index = (3 * row) + col
61    result = oxo_logic.userMove(game, index)
62    game2cells(game)
63    if not result:
64    result = oxo_logic.computerMove(game)
65    game2cells(game)
66    if result == "D":
67    mb.showinfo(u"结果", u"平局!")
```

```
68  status['text'] = u"游戏结束!"
69  else:
70  if result == "X" or result == "O":
71  mb.showinfo(u"游戏结果", u"胜方是: {}".format(result))
72  status['text'] = u"游戏结束"
73  def game2cells(game):
74  table = board.pack_slaves()[0]
75  for row in range(3):
76  for col in range(3):
77  table.grid_slaves(row=row,
78  column=col)[0]['text'] = game[3 * row + col]
79  def cells2game():
80  values = []
81  table = board.pack_slaves()[0]
82  for row in range(3):
83  for col in range(3):
84  values.append(table.grid_slaves(row=row, column=col)[0]['text'])
85  return values
86  #创建游戏面板
87  def buildBoard(parent):
88  outer = tk.Frame(parent, border=2, relief="sunken")
89  inner = tk.Frame(outer)
90  nner.pack()
91  for row in range(3):
92  or col in range(3):
93  cell = tk.Button(inner, text=" ", width="5", height="2",
94  command=lambda r=row, c=col: evClick(r, c))
95  cell.grid(row=row, column=col)
96  return outer
97  #创建菜单
98  mbar = buildMenu(top)
99  top["menu"] = mbar
100 #创建棋盘
101 board = buildBoard(top)
102 board.pack()
103 #创建状态栏
104 status = tk.Label(top, text=u"游戏中", border=0,
105 background="lightgrey", foreground="red")
106 status.pack(anchor="s", fill="x", expand=True)
107 #进入主循环
108 tk.mainloop()
```

最终的游戏界面如图 12-14 所示。

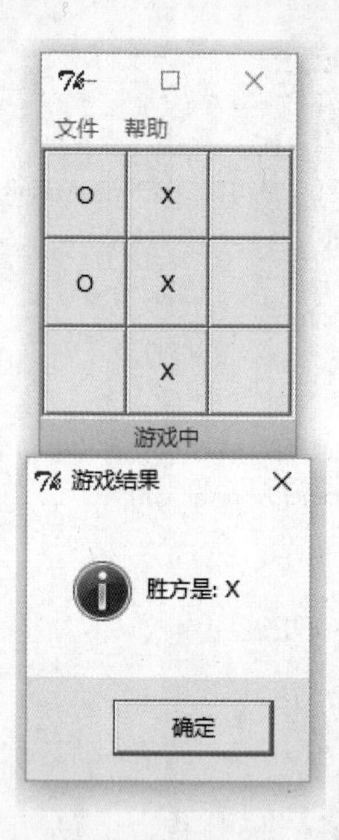

图 12-14　最终游戏界面

习题

一、简述题

1．以 12.3.1 节中的三连棋游戏项目为例简述以下概念。

①组件；②事件；③事件-回调机制。

2．简述使用 Python 进行 GUI 编程的主要步骤。

二、实践题

1．编写一个带有图形化界面的五子棋游戏。

2．查阅基于哈夫曼编码的压缩算法，将其改写成一个具有图形化界面的压缩工具。

第 13 章　使用 Python 进行数据管理

本章着重介绍如何使用 Python 语言进行数据管理，首先通过实例的方法，展示数据对象的持久化；然后使用 itertools 模块进行分析和处理；接着介绍 Python 中 SQLite 数据库的使用方法；最后通过实例，为读者展示封装 MySQL 的整个操作。

13.1　引言

在当今社会环境下，各个领域都在产生着大量的数据，如财务数据、医疗数据、社交网络数据等。在这些领域中，数据的分析和管理都具有不可替代的作用。在本章中，首先介绍如何使用持久化模块持久化地存储程序中的数据对象，随后讲解如何使用 Python 中的 itertools 模块对数据进行处理和分析，最后介绍如何在 Python 中使用一种更为高级的数据管理工具——数据库，以应对更为复杂的数据管理需求。

在本章中，会使用一个“教务信息”数据集作为贯穿全章的例子，以展示各项数据分析和管理功能。

这个数据集由三部分组成：学生信息 student、课程信息 course 和选课信息 election。定义如代码清单 13-1 所示，以嵌套列表的形式给出这三部分数据。

代码清单 13-1

```
1   #coding:utf-8
2   #学号，姓名，年级，入学成绩
3   student = [
4   ['12091101', u"小明", 4, 500],
5   ['14011002', u"小王", 2, 520],
6   ['13091101', u"小明", 3, 510],
7   ['12081219', u"小张", 4, 520],
8   ['13101004', u"小田", 3, 530],
9   ['12111103', u"小李", 4, 470],
10  ]
11  #课程号，课程名
12  course = [
13  ['1', u"数据库原理"],
14  ['2', u"Python 程序设计"],
15  ['3', u"离散数学"],
16  ['4', u"数字电路"],
17  ['5', u"模拟电路"]
18  ]
19  #选课编号，学号，课程号，成绩
```

```
20    election = [
21    ['1', '12091101', '1', 90],
22    ['2', '12091101', '2', 80],
23    ['3', '13091101', '1', 97],
24    ['4', '13091101', '2', 96],
25    ['5', '13091101', '4', 96],
26    ['6', '13091101', '5', 95],
27    ['7', '12081219', '2', 96],
28    ['8', '12081219', '4', 98],
29    ['9', '13101004', '4', 98],
30    ['10', '12111103', '3', 78],
31    ]
```

13.2 数据对象的持久化

在很多场景中，都希望将程序中的数据对象保存下来，以供下次运行或其他程序使用，这种功能需求被称为数据持久化。本节将分别介绍如何使用 pickle 和 shelve 两个持久化模块对数据对象进行持久化存储和随机读取。

13.2.1 使用 pickle 模块存取对象

picle 模块的功能是将 Python 对象转换为二进制字节序列存储在文件中。被转换的对象包括基本数据类型、系统和用户自定义的类对象，甚至还包括列表、元组等容器对象。这个模块的使用十分简单，只需使用该模块的 dump(data, file)函数就可以将数据对象 data 存储在 file 文件对象中，而使用 load(file)文件就可以将保存在 file 中的持久化数据对象读取出来。

下面将教务信息数据集中的学生信息列表 student 存储到 student.dat 中，如代码清单 13-2 所示。

代码清单 13-2

```
1    import data,pickle
2    student_file = open("student.dat","wb")          #二进制写模式
3    pickle.dump(data.student,student_file)           #将列表 data.student 持久化存储
4    student_file.close()
```

接下来，再从这个文件中读取 student 列表对象以测试数据持久化的效果，如代码清单 13-3 所示。

代码清单 13-3

```
student = pickle.load(student_file)
```

此时，student 对象被原样取出。然而，这里存在一个问题，存储在文件中的数据对象只能一次性地被读入内存，而不支持随机访问其中一条数据。假设有上万条学生信息，而经常一次只需要访问少数几位学生的信息，这时一次读入全部文件的方式就显得十分笨拙且低效了。为解决这个问题，可以使用下一小节中的 shelve 模块实现持久化对象的随机读取。

13.2.2 使用 shelve 模块随机访问对象

shelve 模块提供了类似字典的持久化解决方案。对于要对字典做的几乎所有事情，都可以用 shelve 实现。两者唯一的区别是，shelve 模块的数据持久化对象存储在硬盘而不是内存中，只有当需要时某一字典项才会被调入内存。虽然会有一定速度上的牺牲，但是这意味着可以在内存有限的情况下操作非常大的字典，更为重要的是这个字典是持久化的，可以在程序的多次运行或多个程序中被使用。

可以使用 shelve 的 open 函数创建一个数据持久化文件，如下所示。

```
shelf = shelve.open('shelf','c')            #'c'创建一个新文件
```

创建完 shelf 后，就可以向其中添加数据了，如下所示。

```
shelf['lists']= [1,2,12]
shelf['tuple']= (1,2,12)
```

为了将这些数据持久地保存到文件中，需要调用 shelf 的 close 函数，如下所示。

```
shelf.close()
```

当再次使用这个文件对象时，只需再次打开 shelf 文件，像访问字典一样访问数据即可，如下所示。

```
shelf = shelve.open('shelf')
print shelf['lists']
```

此时，程序将输出列表[1, 2, 12]。

如前所述，与 pickle 模块只有读入所有文件内容才可以访问数据对象不同，当访问 lists 这项数据时，只有该项内容会被调入内存，即 tuple 项不会被同时读入。

下面将教务信息使用 shelve 模块进行持久化，如代码清单 13-4 所示。

代码清单 13-4

```
1   import data
2   import shelve
3   def createDB(data, shelfname):
4    try:
5   shelf = shelve.open(shelfname, 'c')
6   for datum in data:
7   shelf[datum[0]] = datum
8   finally:
9   shelf.close()
10  createDB(data.student, 'student.dat')
11  createDB(data.course, 'course.dat')
12  createDB(data.election, 'election.dat')
```

此后，就可以通过 student.dat、course.dat 和 election.dat 分别随机访问学生、课程和选课信息。例如，可以读取学号为 13101004 的学生信息，如代码清单 13-5 所示。

代码清单 13-5

```
student = shelve.open('student.dat')
print str(student['13101004']).decode("unicode-escape")
```

此时，程序将输出列表：['13101004', u'小田', 3, 530]。

13.3 使用 itertools 模块分析和处理数据

Python 标准库中的 itertools 模块为用户提供了一组迭代器工具，利用这组工具可以进行一些简单的数据分析和处理。下面将简要介绍这个模块中的两种常用函数，一种是数据过滤函数组，另一种是 groupby 函数。最后，将接着使用“教务信息”数据集展示该模块在数据分析和处理中的应用。

13.3.1 数据过滤函数

itertools 模块中有两组函数可以提供数据过滤功能，下面将依次介绍这两组函数。这两组函数负责返回一个包含符合过滤要求数据的迭代器，通过这个迭代器可以实现对数据的过滤。

13.3.2 compress 与 ifilter 函数

compress 的第一个参数为输入数据（如列表、迭代器，甚至字符串），第二个参数为与输入数据中每个元素对应的布尔值组成的列表。调用 compress 函数，将得到由输入数据中对应布尔值为 True 的数据元素构成的迭代器，即实现了“掩码”的功能。例如，当输入数据为[1,2,3,4,5]，对应的布尔值列表为[True,False,False,False,True]时，只有 1 和 5 会在 compress 返回的迭代器中出现。如代码清单 13-6 所示。

代码清单 13-6

```
for i in itertools.compress([1,2,3,4,5],[True,False,False,False,True]):
    print (i)
```

程序将输出两个整数：1 和 5。

ifilter 函数的功能与 compress 类似，不过数据元素对应的布尔值是由用户指定的一个布尔值函数计算得到的，即对于每个数据元素 x，布尔值函数 f(x)的值决定该元素是否会出现在 ifilter 返回的迭代器中。例如，在下面的代码中使用 lambda 表达式定义了一个判断数字是否为偶数的布尔值函数，且以该函数作为 ifilter 的输入，因而最终只有偶数会被过滤并输出出来。如代码清单 13-7 所示。

代码清单 13-7

```
for i in itertools.ifilter(lambda x: x%2==0,[1,2,3,4,5]):
    print (i)
```

程序也将输出两个整数：2 和 4。

13.3.3 takewhile 与 dropwhile 函数

takewhile 函数的输入是一个布尔值函数和一个数据列表或其他迭代器，该函数会返回列表或迭代器中的数据元素直到布尔值函数的结果为 False。与 takewhile 相反，dropwhile 会对同样的输入做出相反的输出行为，即该函数会忽略所有输入元素，直到函数返回结果为 False。例如，下面的两段代码分别利用这两个函数实现了“过滤出”和“过滤掉”个位数的功能，如代码清单 13-8 所示。

代码清单 13-8

```
for i in itertools.takewhile(singleDigit,range(20)):
    print i,
```

这两行代码将输出：0 1 2 3 4 5 6 7 8 9。

```
for i in itertools.dropwhile(singleDigit,range(20)):
    print i,
```

这两行代码将输出：10 11 12 13 14 15 16 17 18 19。

13.3.4 groupby 函数

groupby 函数是 itertools 模块中最有用、最强大的数据分析和处理函数之一。该函数的输入是一组数据（以列表或迭代器的形式）和一个 key 函数。其效果是将 key 函数作用于各个数据元素，并根据 key 函数结果，将拥有相同函数结果的元素分到一个新的迭代器中，而每个新的迭代器以函数返回结果为标签。

例如，可以对身高数据使用这样一个 key 函数：如果身高大于 180，返回 tall；如果身高小于 160，返回 short；小于 180、大于 160 返回 middle。最终，所有身高将分为三个循环器，即 tall、short 和 middle，如代码清单 13-9 所示。

代码清单 13-9

```
1   import itertools
2   def height_class(h):
3   if h > 180:
4   return "tall"
5   elif h < 160:
6   return "short"
7   else:
8   return "middle"
9   friends = [191, 158, 159, 165, 170, 177, 181, 182, 190]
10  friends = sorted(friends, key=height_class)
11  for m, n in itertools.groupby(friends, key=height_class):
12  print(m)
13  print(list(n))
```

【输出结果】

```
middle
[165, 170, 177]
short
[158, 159]
tall
[191, 181, 182, 190]
```

对于 groupby 函数，有以下两点需要注意。

首先，如上面的实例所示，在分组之前，需要使用 sorted 对原来的数据元素根据 key 函数进行排序，然后再向同组元素相邻的位置上“靠拢”实现分组。

其次，groupby 产生的组事实上并不是真实的迭代器，它只是原始输入的一个视图。也就是说，在函数移动到下一组数据后，之前的组就会失效。因而，为了在之后的程序中使用这些分组，最好将它们保存在一个列表中。

13.4 实例：教务信息数据分析与处理

利用上述几个函数可以对教务数据进行简单的处理。在本节中，将继续以“教务信息”数据集作为实例，解决该数据集中的以下三个问题。

13.4.1 入学成绩大于或等于 510 分的学生有哪些

这个问题实际上是希望从所有的学生记录中过滤出入学成绩大于或等于 510 分的学生。在下面利用 ifilter 函数配合一个 lambda 表达式（当输入为入学成绩大于或等于 510 分的学生的信息记录项时，输出 True）来实现这个过滤功能，如代码清单 13-10 所示。

代码清单 13-10

```
1    from itertools import *
2    from data import *
3    #过滤出入学成绩大于或等于 510 分的学生信息记录
4    for s in ifilter(lambda stu: stu[3] >= 510, student):
5    #对于过滤出的每条记录，输出学号和姓名两项
6    print s[0], s[1]
```

【输出结果】

```
14011002 小王
13091101 小明
12081219 小张
13101004 小田
```

13.4.2 每个学生的平均分是多少

在“教务信息”数据集中，成绩信息被保存在了选课记录 election 中。在下面的代码中，首先利用 groupby 函数将选课信息按学号项分组，得到每个学生的选课列表，然后根据

这个选课列表中的成绩项计算每位学生的平均分，如代码清单 13-11 所示。

代码清单 13-11

```
1   from itertools import *
2   from data import *
3   def student_id(record):
4   return record[1]  #返回选课记录中的学号项
5   sorted_election = sorted(election, key=student_id)
6   for election_list in groupby(sorted_election, key=student_id):
7   #election_list = [学号，选课记录]
8   print u"学号: " + election_list[0],
9   score = [course[3] for course in list(election_list[1])]  #提取成绩项
10  avg = sum(score) / len(score)
11  print u"平均分: " + str(avg)
```

【输出结果】

```
学号: 12081219  平均分: 97
学号: 12091101  平均分: 85
学号: 12111103  平均分: 78
学号: 13091101  平均分: 96
学号: 13101004  平均分: 98
```

13.4.3 选课数超过 2 人次的课程有哪些

在这个问题中，希望输出选课数超过 2 人次的课程名。同样，可以利用上一个问题中类似的方法将选课信息按课程号分组，根据每组选课列表的大小判断每门课的选课人次是否大于 2。接下来，再利用 compress 函数过滤课程列表 course 中选课数小于等于 2 的课程并输出，如代码清单 13-12 所示。

代码清单 13-12

```
1   from itertools import *
2   from data import *
3   def course_id(record):
4   return record[2]                        #返回课程代码
5   sorted_election = sorted(election, key=course_id)
6   mask_course = []                        #掩码，选课人次超过 2 为 True（以课程代码序排列）
7   for election_list in groupby(sorted_election, key=course_id):
8   #若课程的选课人次大于 2，则对应课程列表位置为 True
9   mask_course.append(len(list(election_list[1])) > 2)
10  for course in compress(course, mask_course):            #利用掩码过滤课程列表
11  print course[1]                                         #输出课程名
```

【输出结果】

13.5 Python 中 SQLite 数据库的使用

至此，已经介绍了两种数据持久化的方案，一个是在第 11 章中介绍的文件处理，另一个是在本章 13.2 节中介绍的持久化模块的方法。通过比较，可以看到后者在数据读取和处理方面为用户提供了更为便利的方案。在本节中，将继续介绍一种更为高级的数据持久化方案——数据库。数据库在大多数的日常软件开发过程中都曾出现过，可以极大地提高数据管理、分析与处理的效率。

Python 支持多种数据库，包括 SQLite、MySQL 和 Oracle 等主流数据库，也提供了多种数据库连接方式，如 ODBC、DAO 和专用数据库连接模块等。本着通俗与实用的原则，在本章中将以 SQLite 数据库为例介绍 Python 中的数据库编程。掌握了 Python 中的 SQLite 数据库编程，读者就会很容易地学会使用其他数据库（特别是 MySQL）。

13.5.1 SQLite 简介

SQLite 是一款简单的嵌入式关系型数据库。因为它的轻便和高效，SQLite 有着广泛的应用，如在第 15 章中将介绍的 Django 开发框架就是以 SQLite 作为默认的内置数据库。读者可以从 http://www.sqlite.org 中下载这个数据库，具体安装方法可以参考其官方文档，这里不再赘述。

Python 中提供了 sqlite3 模块，负责将 SQLite 数据库与 Python 进行连接。使用这个模块操作 SQLite 数据库可以分为以下几步。

1）导入 sqlite3 模块。

2）调用 connect 函数连接 SQLite 数据库，得到连接对象 conn。

3）执行数据库操作。

- 调用 conn 对象的 execute 函数执行数据库操作语句（SQL 语句）。
- 调用 conn 对象的 commit 提交对数据库的修改。

4）查询数据库。

- 使用 execute 方法获得游标对象 cur。
- 利用游标对象 cur 的 futechall、fectchmany 或 fecthone 方法获得查询结果。

5）关闭游标 cur 和连接对象 conn。

本节的后半部分将以“教务信息”为例，分别介绍上述步骤中的操作。

13.5.2 连接数据库

连接数据库是对数据库实质性操作的第一步。下面的代码显示了如何使用 connect 方法连接到当前路径下名为 admin.db 的数据库（其本质也是一个文件，读者可以将其与持久化模块方式中保存数据对象的文件做类比，以帮助理解），并获得一个数据库连接对象 conn。如果该数据库不存在，那么它就会被创建，如代码清单 13-13 所示。

代码清单 13-13

```
import sqlite3
conn = sqlite3.connect('admin.db')
```

在创建并连接到数据库后，就可以开始对数据库进行操作了。在 sqlite3 模块中，需要使用 SQL 语句的方式操作数据库。

SQL（Structured Query Language，结构化查询语言）是一种高级的数据库查询语言，可以用于查询、更新和管理关系型数据库。尽管关于 SQL 的系统介绍已经超出了本书所及的范围，但本书仍将在利用到 SQL 语句的地方尽可能地进行说明，以帮助没有数据库基础的读者学习。

13.5.3 创建表

在关系型数据库中，数据是以表的形式进行管理的。数据库中的一张表包括表结构（即表中每列数据的字段名）和表记录（即表中的每行记录）。SQL 语句中创建一个空表的语法格式如下，注意 SQL 是大小写不敏感的。

```
CREATE TABLE 表名称 (字段名 1 数据类型, 字段名 2 数据类型, ...)
```

例如，如代码清单 13-14 所示的代码将在之前连接到的数据库中创建一个名为 student 的学生表、一个名为 course 的课程表和一个名为 election 的选课表。其中，VARCHAR 是可变长字符串类型，PRIMARY KEY 表明 ID 是区别不同记录的主键，NOT NULL 表明该项不得为空。

代码清单 13-14

```
1   import sqlite3
2   conn = sqlite3.connect('admin.db')
3   conn.execute('''CREATE TABLE STUDENT(
4   ID VARCHAR(10) PRIMARY KEY,
5   NAME VARCHAR(10) NOT NULL,
6   GRADE INT NOT NULL,
7   ENTRANCE_SCORE INT
8   )''')
9   conn.execute('''CREATE TABLE COURSE(
10  ID       VARCHAR(10)    PRIMARY KEY,
11  NAME     VARCHAR(20)    NOT NULL
12  )''')
13  conn.execute('''CREATE TABLE ELECTION(
14  STU_ID VARCHAR(10) NOT NULL,
15  COURSE_ID VARCHAR(10) NOT NULL,
16  SCORE INT
17   )''')
18  conn.commit()                          #提交对数据库的修改
```

13.5.4 插入数据记录

在 SQL 中，可以使用 INSERT 语句向表中添加一条记录，其语法格式如下。

```
INSERT INTO 表名称 VALUES (值 1, 值 2,...)
```

可以使用如代码清单 13-15 所示的代码分别将“教务信息”数据集中的数据记录添加到刚刚创建的三个表中。

代码清单 13-15

```
1   import sqlite3
2   from data import *
3   conn = sqlite3.connect('admin.db')
4   for s in student:
5   conn.execute("INSERT INTO STUDENT VALUES('%s','%s',%d,%d)"
6   % (s[0], s[1], s[2], s[3]))
7   for c in course:
8   conn.execute("INSERT INTO COURSE VALUES('%s','%s')"
9   % (c[0], c[1]))
10  for e in election:
11  conn.execute("INSERT INTO ELECTION VALUES('%s','%s',%d)"
12  % (e[1], e[2], e[3]))
13  conn.commit()                                  #提交对数据库的修改
```

13.5.5 查询数据记录

SQL 中提供了 SELECT 语句，用于查询表中的数据记录，其语法格式如下。

```
SELECT 列名称 FROM 表名称
[WHERE 行筛选条件]
[GROUP BY 字段名 [HAVING 分组筛选条件]]
```

在 sqlite3 模块中，可以通过 execute 函数返回的游标对象获得查询结果。可以使用如代码清单 13-16 所示的代码从 course 表中查询所有课程代码大于 2 的课程。

代码清单 13-16

```
1   import sqlite3
2   conn = sqlite3.connect('admin.db')
3   cur = conn.execute("SELECT NAME FROM COURSE WHERE ID>2")
4   result = cur.fetchall()                        #获得全部查询结果
5   print str(result).decode("unicode-escape")
6   for re in result:
7       print re[0]
```

【输出结果】

```
[(u'离散数学',), (u'数字电路',), (u'模拟电路',)]
```

```
离散数学
数字电路
模拟电路
```

在上面的例子中，使用 fetchall 方法一次性返回了所有查询结果。sqlite3 模块还提供了 fetchone 方法以元组的形式一次返回一行查询结果，若没有符合条件的查询结果，则返回空元组；以及提供 fetchmany 方法一次返回不大于指定数目的结果，读者可以想象分页显示的使用场景。

SQL 中还提供了表连接功能，即将多个表通过几个相同的字段连接在一起。例如，可以利用课程表与选课表之间的共同字段“课程号”将两个表进行连接，以获得每条选课记录中的课程名，接下来配合 GROUPBY 子句就可以轻松地完成 13.4 节中的第三个问题，如下所示。

```
cur = conn.execute('''SELECT COURSE.NAME FROM COURSE,ELECTION
                      WHERE COURSE.ID=ELECTION.COURSE_ID
                      GROUP BY ID
                      HAVING COUNT(STU_ID)>2''')
for c in cur:          #游标对象也可直接作为迭代器
    print c[0]         #输出课程名
```

13.5.6 更新和删除数据记录

在数据管理过程中，数据更新是一个很常见的需求。在 SQL 中可以使用 UPDATE 语句实现这个需求，其语法格式如下。

```
UPDATE 表名称 SET 列名称 = 新值 [WHERE 更新条件]
```

例如，如果想将所有学生的年级加 1，可以使用下面的代码。

```
conn.execute("UPDATE STUDENT SET GRADE = GRADE +1")
conn.commit()
```

同样，可以使用 DELETE 语句将符合某些条件的记录删除，其语法格式如下。

```
DELETE FROM 表名称 [WHERE 删除条件]
```

例如，如果想将所有年级数大于 4 的已毕业学生从表中删除，可以使用以下代码。

```
conn.execute("DELETE FROM STUDENT WHERE GRADE>4")
conn.commit()
```

13.5.7 回滚与关闭数据库

在上面的代码中，每次对数据库进行更改后都会使用 commit 函数确认更改，否则对数据库的更改将不会生效。这种数据库操作方式看似复杂，实则是为用户提供了错误恢复功能，即随时可以使用连接对象的 rollback 回滚函数将数据库还原到上一次 commit 函数确认操作的状态（若没有调用过 commit 函数，则恢复到最初连接到数据库时的状态）。例如，下面首先错将所有学生记录删除，之后调用 rollback 函数便可以将数据库恢复原样。

```
conn.execute("DELETE FROM STUDENT")          #错误操作
conn.rollback()                              #回滚数据库
```

最后，在对数据库操作完毕后，需要使用 close 函数将连接对象和游标对象关闭。

```
cur.close()          #关闭游标对象
conn.close()         #关闭数据库连接对象
```

13.6 实例：封装 MySQL 数据库操作

在介绍完上述使用 Python 进行 SQLite 操作的基本语法后，读者应当可以很快地掌握其他常见的关系型数据库的使用方法。下面以具体例程的形式向读者展示如何将 MySQL 数据库的基本操作以函数的形式封装起来（如代码清单 13-17 所示），在这个过程中读者应该可以掌握使用 Python 操作 MySQL 的基本方法，并体会到使用 Python 操作不同关系型数据库的相似性。

代码清单 13-17 mysqlConnector.py

```
1   #coding:utf-8
2   import mysql.connector
3   #设置数据库用户名和密码
4   user = 'root'                                    #用户名
5   pwd = 'root'                                     #密码
6   host = 'localhost'                               #ip 地址
7   db = 'mysql'                                     #所要操作数据库的名称
8   charset = 'UTF-8'
9   cnx = mysql.connector.connect(user=user, password=pwd, host=host, database=db)
10  #设置游标
11  cursor = cnx.cursor(dictionary=True)
12  #插入数据
13  def insert(table_name, insert_dict):
14  param = '';
15  value = '';
16  if (isinstance(insert_dict, dict)):
17  for key in insert_dict.keys():
18  param = param + key + ","
19  value = value + insert_dict[key] + ','
20  param = param[:-1]
21  value = value[:-1]
22  sql = "insert into %s (%s) values(%s)" % (table_name, param, value)
23  cursor.execute(sql)
24  id = cursor.lastrowid
```

```
25 cnx.commit()
26 return id
27 #删除数据
28 def delete(table_name, where=''):
29 if (where != ''):
30 str = 'where'
31 for key_value in where.keys():
32 value = where[key_value]
33 str = str + ' ' + key_value + '=' + value + ' ' + 'and'
34 where = str[:-3]
35 sql = "delete from %s %s" % (table_name, where)
36 cursor.execute(sql)
37 cnx.commit()
38 #查询数据库
39 def select(param, fields='*'):
40 table = param['table']
41 if ('where' in param):
42 thewhere = param['where']
43 if (isinstance(thewhere, dict)):
44 keys = thewhere.keys()
45 str = 'where';
46 for key_value in keys:
47 value = thewhere[key_value]
48 str = str + ' ' + key_value + '=' + value + ' ' + 'and'
49 where = str[:-3]
50 else:
51 where = ''
52 sql = "select %s from %s   %s" % (fields, table, where)
53 cursor.execute(sql)
54 result = cursor.fetchall()
55 return result
56 #显示建表语句
57 def showCreateTable(table):
58 sql = 'show create table %s' % (table)
59 cursor.execute(sql)
60 result = cursor.fetchall()[0]
61 return result['Create Table']
62 #显示表结构语句
63 def showColumns(table):
64 sql = 'show columns from %s ' % (table)
65 print(sql)
66 cursor.execute(sql)
67 result = cursor.fetchall()
68 dict1 = {}
69 for info in result:
70 dict1[info['Field']] = info
```

```
71    return dict1
```

习题

一、简述题

1．简述 Python 中数据持久化的常用方法及其异同点。

2．简述对数据库进行 execute 操作和 commit 操作的作用，以及这样设计的意义。

二、实践题

自行建立一个 SQLite 数据库，并根据自己的需求练习相应的数据库操作。

第 14 章　Python Socket 网络编程

本章首先介绍 Python 环境下的 Socket，包括 Socket 通信、TCP 和 UDP 协议的区别；然后带领读者使用 Python Socket 进行简单编程。

14.1　Socket 简介

14.1.1　什么是 Socket 通信

Socket（又名套接字）是进程通信的一种方式。Socket 不仅仅可以在本地进程间通信，还可以依照 TCP/IP 协议在网络主机的进程间通信，即通过 IP 地址与端口号建立 Socket 连接进行通信。在 TCP/IP 网络应用中，通信的两个进程间相互作用的主要模式是客户/服务器（Client/Server，C/S）模式，即客户向服务器发出服务请求，服务器接收到请求后，提供相应的服务。

14.1.2　TCP 协议与 UDP 协议的区别

TCP 与 UDP 是两种常用的传输层协议，也是 Socket 通信中常用的两种传输层协议，了解二者的区别对编写 Socket 网络应用程序很重要。

TCP 协议是传输控制协议，提供面向连接、可靠的字节流服务。使用 TCP 协议通信时，客户端与服务器端通过三次“握手”建立连接、四次“握手”关闭连接等方式保证通信的可靠性。TCP 提供超时重发、丢弃重复数据、检验数据及流量控制等功能，保证数据能从一端传到另一端。因为 TCP 通过各种方式保证了可靠性，所以其速度较 UDP 通信慢一些，报文较 UDP 通信大一些。

UDP 协议是用户数据报协议，它是一个简单的面向数据报的传输层协议。UDP 不提供可靠性，它只是把应用程序传给 IP 层的数据报发送出去，但是并不能保证它们能到达目的地。由于 UDP 在传输数据报前不用在客户和服务器之间建立一个连接，且没有超时重发等机制，故而传输速度很快。虽然 UDP 在速度和报文大小上均具有优势，但是 UDP 不保证报文是否丢失，以及多个报文的顺序正确与否等可靠性问题。

14.2　Python Socket 编程

上一节中简单介绍了 Socket 通信与 TCP、UDP 协议，本节将介绍如何使用 Python 编写 Socket 程序。

Python 自带了 Socket 模块，提供了强大且便捷的 Socket 开发接口。

14.2.1 简易 Socket 通信

Socket 通信采用 C/S 模式，因此需要分别编写客户端与服务器端程序进行通信。

使用 Socket 模块进行通信时，首先需要实例化一个套接字实例并指定套接字类型与协议类型等。Socket 模块支持的套接字类型如表 14-1 所示。

表 14-1 套接字类型

Socket 类型	描 述
socket.AF_UNIX	只能够用于单一的 UNIX 系统进程间通信
socket.AF_INET	服务器之间网络通信
socket.AF_INET6	服务器之间 IPv6 网络通信
socket.SOCK_STREAM	流式 Socket（TCP 协议格式）
socket.SOCK_DGRAM	数据报式 Socket（UDP 协议格式）
socket.SOCK_RAW	原始套接字，用于处理 ICMP、IGMP 网络报文等特殊报文或者定义 IP 头的报文
socket.SOCK_SEQPACKET	可靠的连续数据包服务

因此，创建 TCP socket 时，需要 socket(socket.AF_INET,socket.SOCK_STREAM)，而创建 UDP socket 时，需要 socket(socket.AF_INET, socket.SOCK_DGRAM)。

实例化 Socket 对象后，需要调用其实例方法来进行 Socket 通信，Socket 实例有以下几个常用的方法，如表 14-2 所示。

表 14-2 Socket 常用方法

Socket 方法	描 述
	服务器端 Socket 方法
bind(address)	将套接字绑定到地址，在 AF_INET 下，以元组（host,port）的形式表示地址
listen(backlog)	开始监听 TCP 传入连接。backlog 指定在拒绝连接之前操作系统可以挂起的最大连接数量，该值至少为 1
accept()	接受 TCP 连接并返回（conn,address），其中 conn 是新的套接字对象，可以用来接收和发送数据。address 是连接客户端的地址
	客户端 Socket 方法
connect(address)	连接到 address 处的套接字。一般 address 的格式为元组（hostname,port），如果连接出错，返回 socket.error 错误
connect_ex(adddress)	功能与 connect(address)相同，但是若成功则返回 0，若失败则返回 errno 的值
	公共 Socket 方法
recv(bufsize[,flag])	接受 TCP 套接字的数据。数据以字符串形式返回，bufsize 指定要接收的最大数据量。flag 提供有关消息的其他信息，通常可以忽略
end(string[,flag])	发送 TCP 数据。将 string 中的数据发送到连接的套接字。返回值是要发送的字节数量，该数量可能小于 string 的字节大小
sendall(string[,flag])	完整发送 TCP 数据。将 string 中的数据发送到连接的套接字，但在返回之前会尝试发送所有数据。若成功则返回 None，若失败则抛出异常
recvfrom(bufsize[.flag])	接受 UDP 套接字的数据。与 recv()类似，但返回值是（data,address）。其中 data 是包含接收数据的字符串，address 是发送数据的套接字地址

（续）

Socket 方法	描　述
sendto(string[,flag],address)	发送 UDP 数据。将数据发送到套接字，address 是形式为（ipaddr,port）的元组，指定远程地址。返回值是发送的字节数
close()	关闭套接字
getpeername()	返回连接套接字的远程地址。返回值通常是元组（ipaddr,port）
getsockname()	返回套接字自己的地址。通常是一个元组（ipaddr,port）
setsockopt(level,optname,value)	设置给定套接字选项的值
getsockopt(level,optname[.buflen])	返回套接字选项的值
settimeout(timeout)	设置套接字操作的超时期，timeout 是一个浮点数，单位是秒。值为 None 表示没有超时期。一般，超时期应该在刚创建套接字时设置，因为它们可能用于连接的操作（如 connect()）
gettimeout()	返回当前超时期的值，单位是秒，如果没有设置超时期，则返回 None
fileno()	返回套接字的文件描述符
setblocking(flag)	如果 flag 为 0，则将套接字设为非阻塞模式，否则将套接字设为阻塞模式（默认值）。非阻塞模式下，如果调用 recv()没有发现任何数据，或 send()调用无法立即发送数据，那么将引起 socket.error 异常
makefile()	创建一个与该套接字相关联的文件

从表 14-2 中可以看出，TCP 协议下 Socket 与 UDP 协议下 Socket 的不同之处。由于 TCP 需要建立连接后再发送数据，因此 TCP 的 Socket 建立连接后不需要再指定发送地址；而 UDP 的 Socket 因为不需要握手即可发送数据，因此不需要绑定连接，而是每次发送都要指定发送地址。

网络通信是相对复杂的，因为各式各样的环境变化会引起不同的异常，Socket 模块提供了四种异常，如表 14-3 所示。

表 14-3　Socket 异常类型

异常类型	描　述
socket.error	由 Socket 相关错误引发
socket.herror	由地址相关错误引发
socket.gaierror	由地址相关错误，如 getaddrinfo()或 getnameinfo()引发
socket.timeout	当 Socket 出现超时时引发。超时时间由 settimeout()提前设定

接下来将分别讲解使用 TCP 或 UDP 协议的 Socket 程序。

1. TCP Socket

因为 Socket 程序采用 C/S 的模式，下面将分别讲解服务器端与客户端的一般流程。

服务器端使用 Socket 模块编写 TCP Socket 程序的一般步骤如下。

1）导入 Socket 模块。

2）创建 Socket 实例并指定类型。

3）将 Socket 实例绑定到地址。

4）开始监听 TCP 连接，等待客户端连接。

5）接受 TCP 连接。

6）开始收发数据。

7）关闭 TCP 连接。

8）关闭 Socket 实例。

而客户端逻辑则较为简单，步骤如下。

1）导入 Socket 模块。

2）创建 Socket 实例并指定类型。

3）向服务器端地址请求连接。

4）开始收发数据。

5）关闭 Socket 实例。

因为服务器端可能与多个客户端通信，因此服务器端一般对每个连接（连接也是 Socket 实例）进行操作；而客户端只需要与一个服务器端通信，因此只需要操作当前套接字即可。

下面演示如何编写简单的 Socket 通信程序（两个程序均在本地运行，本地 IP 地址为 127.0.0.1），如代码清单 14-1 所示。

代码清单 14-1

```
1   from socket import *
2   sock = socket(AF_INET, SOCK_STREAM)
3   HOST = '127.0.0.1'
4   PORT = 12345
5   BUFFER_SIZE = 4096
6   ADDR = (HOST, PORT)
7   sock.bind(ADDR)
8   sock.listen(5)
9   _close = False
10  while True:
11  if(_close):
12  break
13  print 'Waiting for connection...'
14  conn, addr = sock.accept()
15  print 'Get connection from :', addr
16  while True:
17  data = conn.recv(BUFFER_SIZE)
18  if not data:
19  continue
20  if(data == 'Bye'):
21  conn.close()
22  break
23  elif(data == 'Close'):
24  _close = True
25  conn.close()
26  sock.close()
27  break
28  else:
```

```
29    mess = 'Get message from [%s] : %s' % (addr, data)
30    print mess
31    conn.send('Got it !')
```

客户端代码中，实现了之前介绍的服务器端完整的步骤。为了能够根据指令关闭连接与套接字对象，对收到的数据进行了额外的判断，如果是 Bye 则会关闭与当前客户端的连接，之后可以使用其他客户端重新连接；而如果是 Close 则会关闭主套接字，不再接受任何连接，如代码清单 14-2 所示。

代码清单 14-2

```
1    from socket import *
2    sock = socket(AF_INET, SOCK_STREAM)
3    HOST = '127.0.0.1'
4    PORT = 12345
5    BUFFER_SIZE = 4096
6    ADDR = (HOST, PORT)
7    sock.connect(ADDR)
8    while True:
9    data = raw_input("Please input your message:\n")
10   if not data:
11   continue
12   sock.send(data)
13   if(data == 'Bye' or data == 'Close'):
14   sock.close()
15   break
16   data = sock.recv(BUFFER_SIZE)
17   if not data:
18   continue
19   print 'Get message from server: %s' % data
```

当运行该实例时，需要先打开服务器端程序，再使用客户端程序连接。例如，先后使用两个客户端程序连接服务器端，第一个客户端发送数据后通知服务器端关闭当前连接，第二个客户端发送数据后通知关闭主套接字不再接受连接。

先后两个客户端的输出结果如图 14-1 所示，服务器端的输出如图 14-2 所示。

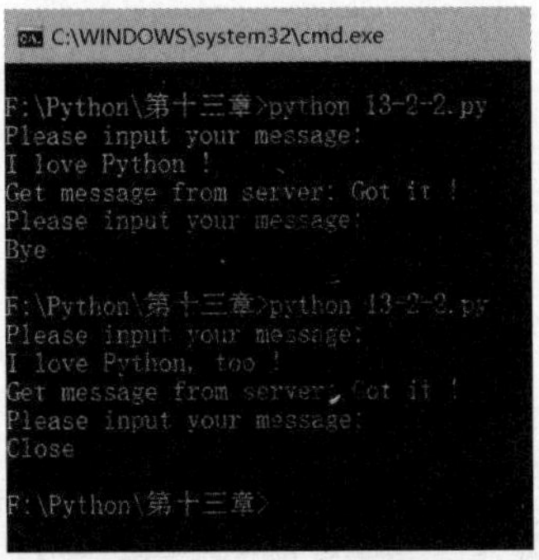

```
C:\WINDOWS\system32\cmd.exe
F:\Python\第十三章>python 13-2-2.py
Please input your message:
I love Python !
Get message from server: Got it !
Please input your message:
Bye

F:\Python\第十三章>python 13-2-2.py
Please input your message:
I love Python, too !
Get message from server: Got it !
Please input your message:
Close

F:\Python\第十三章>
```

图 14-1　客户端输出

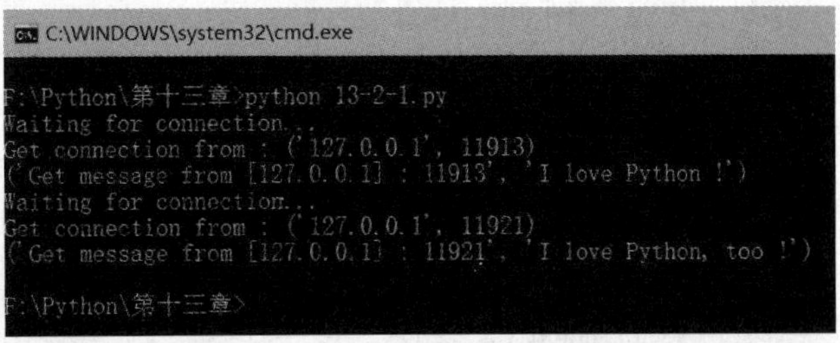

```
C:\WINDOWS\system32\cmd.exe
F:\Python\第十三章>python 13-2-1.py
Waiting for connection...
Get connection from : ('127.0.0.1', 11913)
('Get message from [127.0.0.1] : 11913', 'I love Python !')
Waiting for connection...
Get connection from : ('127.0.0.1', 11921)
('Get message from [127.0.0.1] : 11921', 'I love Python, too !')

F:\Python\第十三章>
```

图 14-2　服务器端输出

这样，就实现了 TCP Socket 互发消息的简单程序。

2．UDP Socket

相比 TCP Socket，UDP Socket 就要简单得多，因为 UDP Socket 不需要建立连接后通信，每次发送时需要指定地址，所以代码也简单得多。

服务器端使用 Socket 模块编写 UDP Socket 程序的一般步骤如下。

1）导入 Socket 模块。

2）创建 Socket 实例并绑定地址。

3）等待收发信息。

4）关闭 Socket 实例。

客户端逻辑的一般步骤如下。

1）导入 Socket 模块。

2）创建 Socket 实例并绑定地址。

3）收发信息。

4）关闭 Socket 实例。

下面编写一个简单的 UDP Socket 通信程序，如代码清单 14-3 所示。

代码清单 14-3

```
1 from socket import *
2 HOST = '127.0.0.1'
3 PORT = 12345
4 ADDR = (HOST,PORT)
5 BUFFER_SIZE = 4096
6 sock = socket(AF_INET,SOCK_DGRAM)
7 sock.bind(ADDR)
8 while True:
9 print 'Waiting for messages...'
10 data,addr = sock.recvfrom(BUFFER_SIZE)
11 if(data=='Close'):
12 sock.close()
13 break
14 else:
15 print 'Get message from',addr,' : ',data
```

客户端的代码如下。

```
1 from socket import *
2 HOST = '127.0.0.1'
3 PORT = 12345
4 ADDR = (HOST, PORT)
5 sock = socket(AF_INET, SOCK_DGRAM)
6 while True:
7 data = raw_input('Please input your message : \n')
8 sock.sendto(data, ADDR)
9 if(data == 'Close'):
```

```
10    sock.close()
11    break
```

同样，首先需要打开服务器端，再使用客户端进行连接。

客户端输出结果如图 14-3 所示，服务器端输出结果如图 14-4 所示。

```
C:\WINDOWS\system32\cmd.exe

F:\Python\第十三章>python 13-2-4.py
Please input your message :
I love Python !
Please input your message :
Close

F:\Python\第十三章>
```

图 14-3　客户端输出

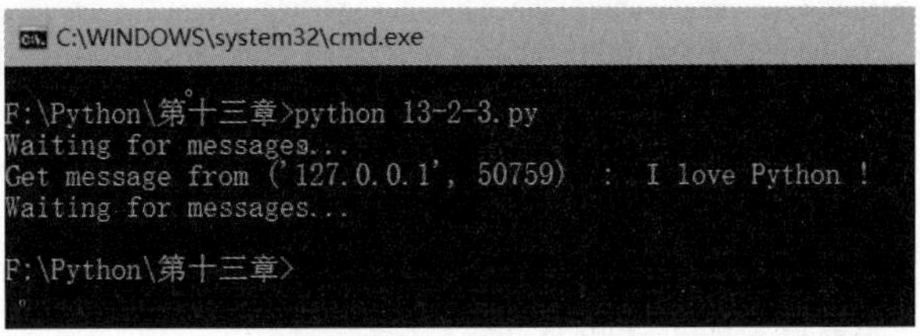

```
C:\WINDOWS\system32\cmd.exe

F:\Python\第十三章>python 13-2-3.py
Waiting for messages...
Get message from ('127.0.0.1', 50759)  :  I love Python !
Waiting for messages...

F:\Python\第十三章>
```

图 14-4　服务器端输出

14.2.2　使用多线程的多端 Socket 通信

在之前的例子中，实现了简单的 Socket 通信，但是，这种方式使服务器端同时只能与一个客户端通信，而且如果客户端始终不向服务器端发送数据，服务器端的线程会被阻塞。在实际场景中，一个服务器端往往需要同时处理多个客户端的请求。

既然单一线程工作时服务器端线程会因 I/O 被阻塞，那么最简单的解决方案就是多线程 Socket 通信。

以 TCP Socket 为例，服务器端接受一个新的连接时，就会创建一个子线程来处理这个连接 I/O，即使每个子线程中的 I/O 仍然是阻塞的，但是总体上看已经能够实现单服务器端、多客户端的 Socket 通信。

根据这个解决方案，可以编写以下服务器端代码，如代码清单 14-4 所示。

代码清单 14-4

```
1     from socket import *
2     from threading import *
3     def dealSocket(conn, addr, sid):
4     global BUFFER_SIZE
5     while True:
6     data = conn.recv(BUFFER_SIZE)
7     if not data:
8     continue
9     if(data == 'Bye'):
10    conn.close()
11    break
12    else:
13    mess = 'Get message from connection_%d [%s] : %s' % (sid,addr,data)
14    print mess
15    conn.send('Got it !')
16    pass
17    sock = socket(AF_INET, SOCK_STREAM)
```

```
18  HOST = '127.0.0.1'
19  PORT = 12345
20  BUFFER_SIZE = 4096
21  ADDR = (HOST, PORT)
22  sock.bind(ADDR)
23  sock.listen(5)
24  conn_num = 0
25  while True:
26  print 'Waiting for connection...'
27  conn, addr = sock.accept()
28  print 'Get connection from :', addr
29  conn_num += 1
30  Thread(target=dealSocket, args=(conn, addr, conn_num)).start()
```

运行服务器端代码，因为客户端仍与单服务器端通信，因此可以使用之前的 TCP Socket 客户端代码进行测试。使用三个客户端同时连接到服务器端并与其通信，得到的服务器端输出结果如图 14-5 所示（客户端操作省略，只需要看服务器端）。

```
C:\Python27\python.exe
Waiting for connection...
Get connection from : ('127.0.0.1', 3134)
Waiting for connection...
Get message from connection_1 [('127.0.0.1', 3134)] : Hi! I'm Client_1!
Get connection from : ('127.0.0.1', 3137)
Waiting for connection...
Get message from connection_2 [('127.0.0.1', 3137)] : Hi! I'm Client_2!
Get message from connection_1 [('127.0.0.1', 3134)] : I'm Client_1! Do you miss me?
Get message from connection_2 [('127.0.0.1', 3137)] : I'm Client_2! Do you miss me?
```

图 14-5　多线程 Socket 服务器端

通过图 14-5 可以看到，可以使单服务器端同时与多客户端通信。

14.2.3　基于 select、poll 或 epoll 的异步 Socket 通信

当客户端很少时，多线程的方式可以很好地解决多端通信问题。但当有几百个甚至几千个客户端时，无论是多线程还是多进程，都会在线程或进程切换时浪费大量资源。这时，需要使用 select、poll 或 epoll 等异步 Socket 方式。

select 最早于 1983 年出现在 4.2BSD 中，它通过一个 select()系统调用来监视多个文件描述符的数组。当 select()返回后，该数组中就绪的文件描述符便会被内核修改标志位，使得进程可以获得这些文件描述符，从而进行后续的读写操作。目前几乎所有的平台都支持 select，其良好的跨平台支持也是它的一个优点。

使用 select 时，需要导入 select 模块。服务器端 Socket 对象开始监听后，使用 select 模块下的 select 方法，该方法接受四个参数，并返回三个列表。第一个参数表示 select 监听的连接列表，该列表中的连接如果活动，则会加入到第一个返回列表中；第二个参数的列表会被完整地传回到第二个返回列表中；第三个参数中发生错误的连接会被加入到第三个返回列表中；第四个参数为 select 监听的频率，单位是“次每秒”。

通过操作这三个返回列表，可以方便地管理 Socket 连接。

下面使用 select 实现一个简单的多客户端异步 Socket 服务器端，如代码清单 14-5 所示。

代码清单 14-5

```
1  #-*- coding=utf-8 -*-
2  from socket import *
3  import select
4  HOST = '127.0.0.1'
5  PORT = 12345
6  BUFFER_SIZE = 4096
7  ADDR = (HOST, PORT)
8  sock = socket(AF_INET, SOCK_STREAM)
9  sock.bind(ADDR)
10 sock.listen(5)
11 #设置 Socket 为非阻塞模式
12 sock.setblocking(False)
13 inputs = [sock, ]
14 outputs = []
15 message_dict = {}
16 while True:
17 r_list, w_list, e_list = select.select(inputs, outputs, inputs, 1)
18 #使用 select 监听 Socket 连接
19 #第一个参数是 select 监听的连接，其中活动的连接会传给 r_list
20 #第二个参数会被完整地传给 w_list
21 #第三个参数中错误的连接会被传给 e_list
22 #第四个参数表示监听的频率，单位为次每秒
23 print('Amount of sockets : %d' % len(inputs))
24 print(r_list)
25 for conn in r_list:
26 if conn == sock:
27 #当 sock 活动时，说明有新连接接入
28 conn, address = conn.accept()
29 inputs.append(conn)
30 message_dict[conn] = []
31 else:
32 #当出现其他连接活动时，说明原有连接有新消息
33 try:
34 data = conn.recv(BUFFER_SIZE)
35 except Exception as ex:
36 #异常处理，若客户端关闭连接
37 inputs.remove(conn)
38 else:
39 message_dict[conn].append(data)
40 outputs.append(conn)
41 #w_list 中保存发送过消息的连接
42 for conn in w_list:
```

```
43    data = message_dict[conn][0]
44    print data
45    del message_dict[conn][0]
46    conn.send("Got it !")
47    outputs.remove(conn)
48    for conn in e_list:
49    #如果连接发生异常，不再监听该连接
50    inputs.remove(conn)
```

本例的关键步骤解释可见注释，总体思路是分别遍历三个 select 的返回列表，对第一个活动列表做判断，如果是服务器端 Socket 对象，则是有新连接接入，否则是原有连接有新消息；对于第二个列表仅用其储存发送过消息的连接，并遍历这些连接对应的消息字典输出消息；对于第三个返回列表，其全部为发生异常的连接，只需要不再监听这些连接即可。

可以使用之前的 TCP Socket 客户端代码来测试本例并观察输出。

select 的方式同样存在缺点。首先，单个进程能够监视的文件描述符的数量存在最大限制，在 Linux 上一般为 1024，不过可以通过修改宏定义甚至重新编译内核的方式提升这一限制。另外，select 所维护的存储大量文件描述符的数据结构，随着文件描述符数量的增大，其复制的开销也呈线性增长。同时，由于网络响应时间的延迟，使得大量 TCP 连接处于非活跃状态，但调用 select 会对所有 Socket 进行一次线性扫描，所以这也浪费了一定的资源。

poll 方式在本质上与 select 没有区别，它将用户传入的数组复制到内核空间，然后查询每个文件描述符对应的设备状态，如果设备就绪则在设备等待队列中加入一项并继续遍历，如果遍历完所有文件描述符后没有发现就绪设备，则挂起当前进程，直到设备就绪或者主动超时，被唤醒后它又要再次遍历文件描述符。这个过程经历了多次无谓的遍历。它没有最大连接数的限制，原因是它是基于链表来存储的，但是同样有一个缺点：大量的文件描述符的数组被整体复制于用户态和内核地址空间之间，而不管这样的复制是否有意义。poll 还有一个特点是“水平触发”，如果报告了文件描述符后没有被处理，那么下次 poll 时会再次报告该文件描述符。

无论是 select 还是 poll，其内部都会遍历所有连接的文件描述符状态，因此当连接数很大时，这种遍历会使效率呈线性下降。为了解决这个问题，可以使用 epoll 的方式。

epoll 除了提供 select/poll 那种 IO 事件的水平触发（Level Triggered）外，还提供了边缘触发（Edge Triggered）。很多情况下，虽然连接数很多，但是同一时间可能只有部分 Socket 是“活跃”的，但是 select/poll 每次调用都会线性扫描全部的集合，导致效率呈线性下降。而 epoll 不存在这个问题，它只会对“活跃”的 Socket 进行操作。这是因为在内核实现中 epoll 是根据每个文件描述符上面的 callback 函数实现的。那么，只有“活跃”的 Socket 才会主动去调用 callback 函数，其他 Socket 则不会。除此之外，epoll 相较于 select 还有其他好处：epoll 理论上没有最大连接数的限制，其实际最大连接数即为系统可同时打开的最多文件的数目，这个数字一般远大于 select 的限制，在 1GB 内存的机器上大约是 10 万左右，一般来说这个数目和系统内存关系很大。

epoll 相对于 select 方式的缺点为非 Linux 平台对其支持性不是很好，例如，Windows 目前仍不支持 epoll 而采用完成端口的方式。

在 Python 中使用 epoll 编程时，需要实例化一个 epoll 对象。对于每个连接，需要使用 epoll 实例的 register()方法注册关注，该方法需要两个参数，分别为连接的文件描述符整数代号 fileno 与触发时刻，触发时刻有 EPOLLIN 与 EPOLLOUT 等，分别表示输入、输出活动。查询活动的连接时，可以使用 epoll 实例的 poll()方法，该方法需要一个参数，为查询几秒内的活动，该方法返回一个列表，该列表是一个元组的集合，每个元组有两个元素，分别为文件描述符代号 fileno 与活动事件整型代号。当一个被 epoll 监听的连接需要改变监听的活动时，可以使用 epoll 实例的 modify 方法，该方法接受两个参数，分别为 fileno 与活动类型，如果活动类型为 0 则不再监听。此外，epoll 还会自动关注 EPOLLHUP 活动，该活动表示连接被挂起。当一个连接不再需要监听时，可以使用 epoll 实例的 unregister 方法注销该连接的文件描述符。

下面使用 epoll 的方式编写一个简单的多客户端异步 socket 服务器端代码，并在 Linux 系统下运行测试（由于 Windows 不支持 epoll，故 Python 在运行时会报错；Windows 10 操作系统下可以开启内嵌 Linux 子系统，在 bash 下运行），如代码清单 14-6 所示。

代码清单 14-6

```
1 #-*- coding=utf-8 -*-
2 import select
3 import socket
4 HOST = '127.0.0.1'
5 PORT = 12345
6 BUFFER_SIZE = 4096
7 ADDR = (HOST, PORT)
8 sock = socket.socket(socket.AF_INET, socket.SOCK_STREAM)
9 sock.bind(ADDR)
10 sock.listen(10)
11 sock.setblocking(0)
12 epoll = select.epoll()
13 epoll.register(sock.fileno(), select.EPOLLIN)
14 #字典 connections 映射文件描述符（整数）到其相应的网络连接对象
15 connections = {}
16 requests = {}
17 responses = {}
18 while True:
19 events = epoll.poll(1)
20 for fileno, event in events:
21 #如果是服务器端产生 event，表示有一个新的连接进来
22 if fileno == sock.fileno():
23 connection, address = sock.accept()
24 print('client connected:', address)
25 connection.setblocking(0)
26 #为新的 Socket 注册 epoll 关注
27 epoll.register(connection.fileno(), select.EPOLLIN)
28 connections[connection.fileno()] = connection
```

```
29 #初始化接收的数据
30 requests[connection.fileno()] = ''
31 #如果发生一个输入 event
32 elif event == select.EPOLLIN:
33 #接收客户端发送过来的数据
34 requests[fileno] += connections[fileno].recv(BUFFER_SIZE
35 #如果客户端退出，关闭客户端连接，取消所有的读和写监听
36 if not requests[fileno]:
37 connections[fileno].close()
38 del connections[fileno]
39 del requests[connections[fileno]]
40 print(connections, requests)
41 epoll.modify(fileno, 0)
42 else:
43 #接收数据后，将监听模式修改为 EPOLLOUT 监听输出活动
44 epoll.modify(fileno, select.EPOLLOUT)
45 print(requests[fileno])
46 #如果发生一个输出 event
47 elif event == select.EPOLLOUT:
48 connections[fileno].send('Got it !')
49 #发送数据后，将监听模式修改为 EPOLLIN 监听输入活动
50 epoll.modify(fileno, select.EPOLLIN)
51 #如果发生一个 EPOLLHUP event，则关闭连接
52 elif event == select.EPOLLHUP:
53 print("A connection closed ！ ")
54 epoll.unregister(fileno)
55 connections[fileno].close()
56 del connections[fileno]
```

在 Ubuntu 系统上进行测试，服务器端与两个客户端如图 14-6 所示。

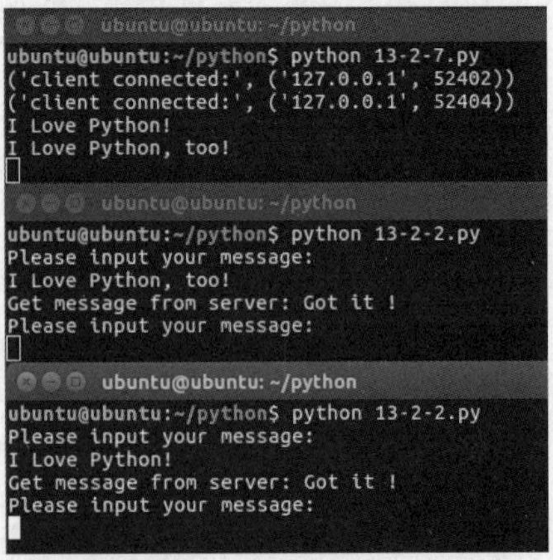

```
ubuntu@ubuntu: ~/python
ubuntu@ubuntu:~/python$ python 13-2-7.py
('client connected:', ('127.0.0.1', 52402))
('client connected:', ('127.0.0.1', 52404))
I Love Python!
I Love Python, too!

ubuntu@ubuntu: ~/python
ubuntu@ubuntu:~/python$ python 13-2-2.py
Please input your message:
I Love Python, too!
Get message from server: Got it !
Please input your message:

ubuntu@ubuntu: ~/python
ubuntu@ubuntu:~/python$ python 13-2-2.py
Please input your message:
I Love Python!
Get message from server: Got it !
Please input your message:
```

图 14-6 epoll 服务器端测试

习题

一、简述题

1．简述 TCP 协议与 UDP 通信协议的异同。

2．分别简述 Python 中的 Socket 模块使用 TCP 与 UDP 协议时，服务器端与客户端的流程。

二、实践题

分别使用多线程、select、poll 与 epoll 编写简单的 Socket 服务器端，实现多人聊天室程序（一人发送消息到服务器端，服务器端向所有连接的客户端转发消息）。

第 15 章　使用 Python 进行 Web 开发

本章首先介绍了什么是 Django；然后明确如何创建项目和模型，包括创建项目、数据库设置、启动服务器和创建模型；再通过实践，带领读者了解如何生成管理页面和构建前端页面。

15.1　Django 简介

Django 是一个由 Python 语言编写的开源 Web 应用开发框架。Django 与之前介绍的众多 GUI 开发库一样，采用了模型—视图—控制器（MVC）的软件设计模式。与其他 Web 开发框架相比，Django 具有以下几点优势，使得它成为最受欢迎的 Web 开发框架之一。

- 具有完整且翔实的文档支持，可以极大地方便开发人员。
- 提供全套的 Web 解决方案，包括服务器、前端开发及数据库交互。
- 提供强大的 URL 路由配置，可以使得开发人员设计并使用优雅的 URL。
- 自助管理后台，让开发人员仅需要做很少的修改就能拥有一个完整的后台管理界面。

Django 开发框架的安装可以参考其官方网站 https://www.djangoproject.com，由于不同系统中的安装方法有一定的区别，这里将不一一列出。在本章接下来的内容中，将以一个投票系统的开发过程为例，向读者介绍如何使用 Django 框架简便且迅速地进行 Web 开发。

15.2　创建项目和模型

15.2.1　创建项目

使用 Django 进行 Web 开发的第一步是网站项目的创建。可以说，一个 Django 项目涵盖了所有相关的配置项，包括数据库的配置、针对 Django 的配置选项和应用本身的配置选项等。可以在 Linux 命令行中（与 Window 命令类似）使用下列命令在指定路径下创建一个 Django 项目。

```
$ cd 项目路径
$ django-admin startproject mysite
```

执行完这段命令后，可以在项目路径中找到一个名为 mysite 的项目文件夹。这个文件夹中包含的文件结构如下。

```
mysite/
    manage.py
    mysite/
```

```
        __init__.py
    settings.py
    urls.py
    wsgi.py
```

其中，manage.py 文件是一个 Python 脚本，该脚本为用户提供了对 Django 项目的多种交互式管理方式，而内层的 mysite 文件则是 Django 项目的核心部分，也是该项目真正的 Python 包，它所包含文件的功能如下。

- __init__.py：一个空文件，用以指示 Python 这个目录应该被看作一个 Python 包。
- settings.py：该 Django 项目的配置文件，用以指明项目的各项配置。
- urls.py：该 Django 项目的 URL 路由器，用以匹配和调度 URL 请求。
- wsgi.py：该 Django 项目与 WSGI 兼容的 Web 服务器入口，作为一个入门开发者不需要了解太多关于该文件的细节。

15.2.2 数据库设置

创建完 Django 项目后，接下来就要配置项目的数据库。Django 框架会使用第 13 章中曾介绍过的嵌入式数据库 SQLite 作为默认数据库。如果读者没有太多数据库管理经验，或者所开发的项目并不需要更高级的数据库支持，那么使用默认的 SQLite 是最简单的选择。

当然，Django 框架也支持一些更为健壮的数据库产品，如 PostgreSQL 和 MySQL。为实现这一点，只需更改 mysite/settings.py 中的 DATABASES 配置项即可，即将其 default 条目中的 ENGINE 和 NAME 按以下说明进行修改。

- ENGINE：默认为 SQLite 数据库“django.db.backends.sqlite3”，若使用 PostgreSQL 数据库时应将该项修改为“django.db.backends.postgresql_psycopg2”，使用 MySQL 数据库时应修改为“django.db.backends.mysql”，使用 Oracle 数据库时应修改为“django.db.backends.oracle”，还有其他一些支持的数据库配置可以参考官方文档。
- NAME：该项为数据库的名称。
- USER：数据库的用户名，使用默认的 SQLite 数据库时无需指定，下同。
- PASSWORD：数据库用户 USER 的密码。
- HOST：数据库服务器的地址，本地为 localhost 或 127.0.0.1。
- PORT：数据库服务器所在的端口。

例如，如果使用 PostgreSQL 数据库，应将 DATBASES 进行以下配置。

```
DATABASES = {
    'default': {
        'ENGINE': 'django.db.backends.postgresql_psycopg2',
        'NAME': 'mydatabase',
        'USER': 'mydatabaseuser',
        'PASSWORD': 'mypassword',
        'HOST': '127.0.0.1',
        'PORT': '5432',
    }
}
```

另外，读者如果使用了自定义的数据库配置，则需要确保数据库已经被正确创建；如果使用了默认的 SQLite，则数据库文件将会在之后需要时被自动创建。

15.2.3 启动服务器

下面启动 Django 项目的服务器，在项目目录下执行下面两行命令。

```
$ python manage.py migrate
$ python manage.py runserver
```

其中，第一行命令是为框架自带的几个“应用”创建数据库表；第二条命令是启动服务器指令，正常情况下将会看到以下几行输出，表明服务器启动成功。

```
Performing system checks
System check identified no issues (0 silenced).
May 24, 2016 - 12:02:54
Django version 1.9.6, using settings 'mysite.settings'
Starting development server at http://127.0.0.1:8000/
Quit the server with CONTROL-C.
```

此时，在浏览器中打开 http://127.0.0.1:8000 会出现如图 15-1 所示的页面（可能会因为版本差异，页面内容有所不同）。

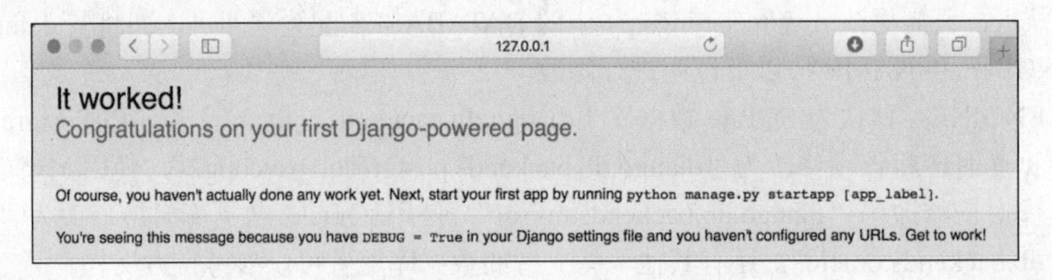

图 15-1　服务器启动成功提示页面

最后，由于 Django 的开发服务器会根据需要自动重新载入 Python 代码，并不需要因代码的修改而重启服务器，在下面介绍中也将在服务器开启的状态下进行进一步的开发。然而，有一些行为，如文件的添加等，需要服务器重启以使之生效，在这种情况下需要手动重启服务器。

15.2.4 创建模型

1．定义模型

从本小节起，将开始真正的项目开发过程。在此之前，首先介绍一下数据模型和应用的概念。在 Django 中，一个项目中最重要的元素之一就是模型，它包含了项目所使用的数据结构，并可以帮助用户完成与数据库的各项交互，包括数据库表的建立、记录的增删改查等；而模型则是包含在项目的一个“应用”中的，应用是完成一个特定功能的模块，如本章中的投票系统。值得一提的是，一个应用可以被运用到多个项目中，以减少代码的重复开发。也就是说，投票系统可以非常容易地被加入到一个更大的网页项目中。

下面，首先建立一个名为 polls 的投票应用。

```
$ python manage.py startapp polls
```

运行这条命令后，会在当前文件下创建一个名为 polls 的目录，其结构如下。

```
polls/
__init__.py
admin.p
migrations/
__init__.py
models.py
tests.py
views.py
```

接下来的开发重点就是 models.py 文件和 views.py 文件两个文件。

Django 中的模型是以 Python 类的形式表示的，类的定义存放在 models.py 文件中。例如，在投票系统中，其 models.py 文件定义了 Question 和 Choice 两个类，分别对应于两个数据模型，如代码清单 15-1 所示。

代码清单 15-1 models.py。

```
1   #coding:utf-8
2   from django.db import models                    #引入 Django 中负责模型的模块
3   class Question(models.Model):                   #自定义模型类需继承 models.Model 类
4   #定义模型的数据结构
5   question_text = models.CharField(max_length=200)
6   pub_date = models.DateTimeField('date published')
7   #定义该对象实例的字符串表示，Python 3 中应为__str__
8   def __unicode__(self):
9    return self.question_text
10  class Choice(models.Model):                     #自定义模型类需继承 models.Model 类
11  #定义模型的数据结构
12  question = models.ForeignKey(Question)          #外键关联
13  choice_text = models.CharField(max_length=200)
14  votes = models.IntegerField(default=0)
15  #定义该对象实例的字符串表示，Python 3 中应为__str__
16  def __unicode__(self):
17  return self.choice_text
```

在上面的代码中，可以看到模型中的每个数据元素（术语称“字段”）都是用字段类 Field 子类的一个实例定义的，例如，发布时间 pub_date 字段是日期时间字段类 DateTimeField 的一个实例对象。其中，常用的字段类如下。

- AutoField：一个自动递增的整型字段，添加记录时它会自动增长。
- BooleanField：布尔字段，管理工具中会自动将其描述为 checkbox。
- FloatField：浮点型字段。
- IntegerField：用于保存一个整数。

- CharField：字符串字段，单行输入，用于较短的字符串，若要保存大量文本，则使用 TextField。CharField 有一个必填参数 CharField.max_length，表示字符串的最大长度，Django 会根据这个参数在数据库中限制该字段所允许的最大字符数，并自动提供校验功能。
- EmailField：一个带有检查 E-mail 合法性的 CharField。
- TextField：一个容量很大的文本字段。
- DateField：日期字段。有下列额外的可选参数：auto_now，当对象被保存时，自动将该字段的值设置为当前日期，通常用于表示最后修改时间；auto_now_add，当对象首次被创建时，自动将该字段的值设置为当前日期，通常用于表示对象创建日期。
- TimeField：时间字段，类似于 DateField，但 DateFields 存储的是“年月日”日期信息，而 TimeFields 是存储“时分秒”时间信息。
- DateTimeField：日期时间字段，与 DateFields 和 TimeFields 类似，存储日期和时间信息。
- FileField：一个文件上传字段。FileField 有一个必填参数 upload_to，用于指定上传文件的本地文件系统路径。
- ImageField：类似 FileField，不过要校验上传对象是否是一个合法图片。

另外，可以看到 Choice 类中使用外键 ForeignKey 定义了一个“一对多”关联，这意味着每个选项 Choice 都关联于一个问题 Question。Django 中还提供了其他常见的关联方式，列举如下。

- OneToOneField：“一对一”关联，使用方法与 ForeignKey 类似。事实上，可以通过将 ForeignKey 设置为 unique=True 实现。
- ManyToManyField：“多对多”关联，例如菜品和调料之间的关系，一道菜品中可以使用多种调料，而一种调料也可以用于制作多道菜品。可以使用关联管理器 Related Manager 对关联的对象进行添加 add()和删除 remove()。

2．激活模型

模型定义完以后，Django 就可以帮助用户根据字段和关联关系的定义在数据库中建立数据表，并帮助用户日后对数据库进行各项操作。不过在此之前，还需要做一点工作，即告诉 Django 已在项目中添加了新的应用及其包含的数据模型。

首先，需要打开项目的设置文件 setting.py，并将新添加的应用加入到 INSTALLED_APPS 项中。例如，下面是将 polls 应用添加到项目配置后的样子，如代码清单 15-2 所示。

代码清单 15-2 settings.py。

```
1  #
2  INSTALLED_APPS = (
3  'django.contrib.admin',
4  'django.contrib.auth',
5  'django.contrib.contenttypes',
6  'django.contrib.sessions',
7  'django.contrib.messages',
8  'django.contrib.staticfiles',
```

```
 9    'polls',
10    )
```

接下来，需要使用管理脚本 manage.py 中的 makemigrations 命令告诉 Django 已经添加了新的应用，Django 会为新的应用生成供数据库生成的迁移文件。例如，下面这行命令就为刚刚添加的 polls 应用创建了新的迁移文件。

```
$ python manage.py makemigrations polls
Migrations for 'polls':
  0001_initial.py:
    - Create model Question
    - Create model Choice
    - Add field question to choice
```

从命令输出中可以看出，polls 应用的添加导致了三点新变化：分别创建问题 Question 和选项 Choice 模型；将问题作为选项的外键字段。最后，只需再次执行 migrate 命令，即可在数据库中创建相应的表及字段关联关系。

```
$ python manage.py migrate
```

综上所述，每次修改模型时实际上需要进行以下几步操作。

- 对模型文件 model.py 做一些修改。
- 运行 python manage.py makemigrations，为这些修改创建迁移文件。
- 运行 python manage.py migrate，将这些改变更新到数据库中。

15.3 生成管理页面

在定义完项目所需的模型后，首要任务之一就是编写一个后台管理页面，用以将数据添加到模型中去。在本节中，将继续使用投票系统的例子，展示如何快速地为网站管理者“搭建”一个后台页面，以方便他们发布、修改及获取投票信息。这里，“搭建”一词用了引号，因为实际上 Django 作为一个快速开发框架已经提供了基础的后台管理页面，只需要对它做一些修改工作即可。

首先，需要创建一个后台管理员账号，代码如下。

```
$ python manage.py createsuperuser
Username: zhangyuan
Email address: yzhang16@buaa.edu.cn
Password:
Password (again):
Superuser created successfully.
```

按照以上提示，建立了一个后台管理账号，并为其设置了用户名、邮箱和密码。注意，可以为一个项目创建多个后台管理用户，并赋予他们不同的权限。

这时，就可以通过域名/admin 的方式（例如，在本地部署下默认为http://127.0.0.1:

8000/admin/）打开 Django 已经提供的后台管理页面。用刚才创建的管理员账号登录后，就可以看到如图 15-2 所示的页面。然而，在其中并没有看到任何与投票系统相关的项目，还需要将数据模型注册到管理页面中去。这十分简单，只需打开 polls/admin.py 文件，向其中加入下面两行代码就可以把模型 Question 注册到管理页面中。

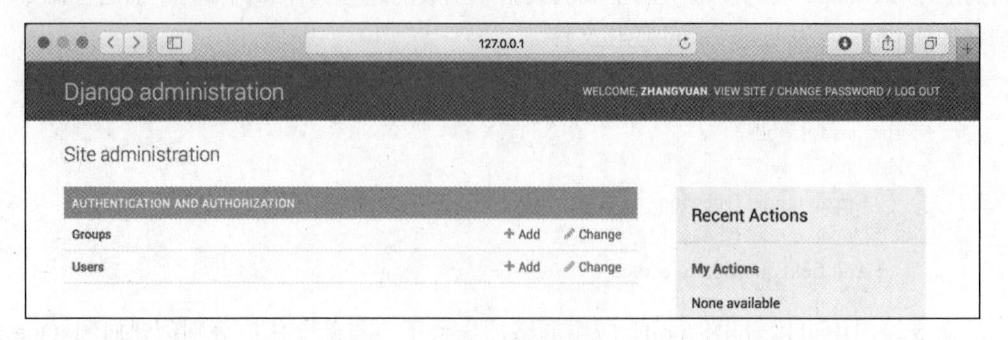

图 15-2　后台管理页面

```
from .models import Question
admin.site.register(Question)
```

此时，再次进入后台管理页面，就可以看到在 Polls 选项卡中出现了 Question 选项（见图 15-3），选择该选项就进入了投票问题 Question 的管理页面，见图 15-4。

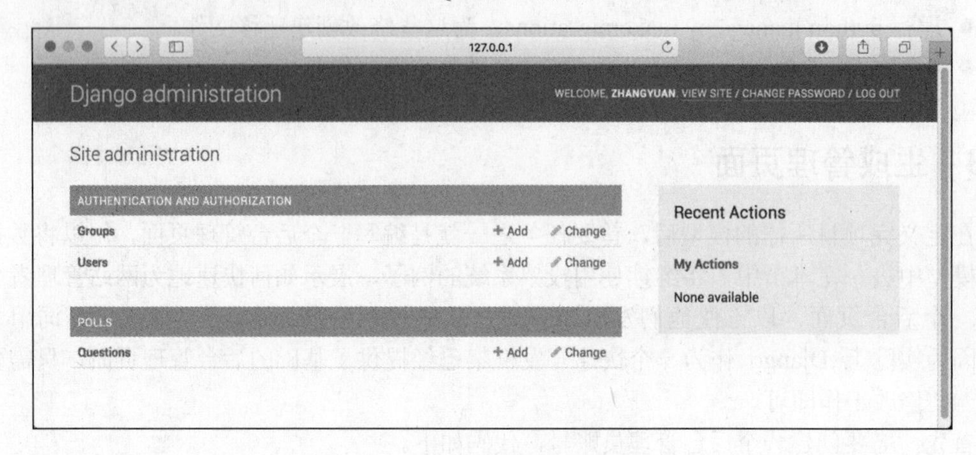

图 15-3　注册模型后的管理页面

图 15-4　投票问题管理页面

通过 Question 的管理页面可以添加、删除或修改一个投票问题，例如，可以通过单击 ADD QUESTION 按钮添加一个问题，如图 15-5 所示。

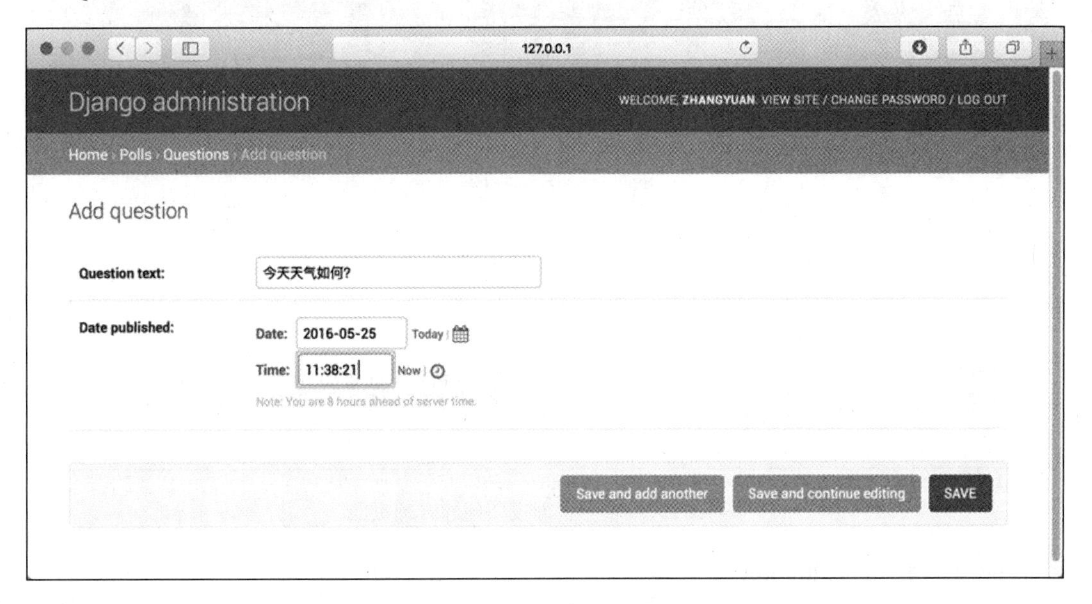

图 15-5　添加投票问题页面

单击 SAVE 按钮即可添加该条问题，此时可以从 Question 管理页面（见图 15-6）中看到刚才添加的问题，单击它可以修改和管理该问题，如图 15-7 所示。

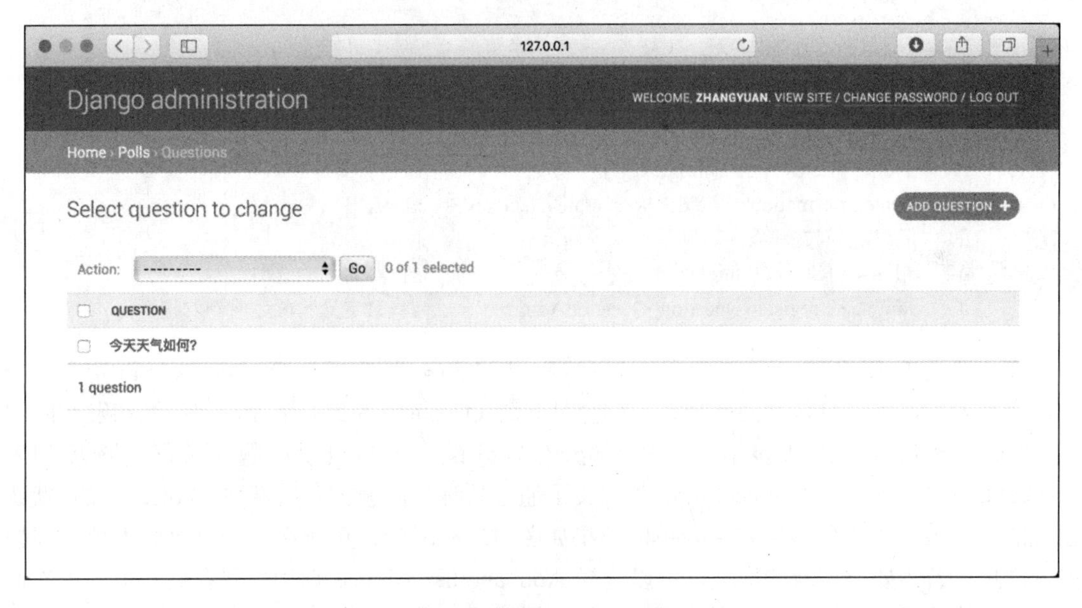

图 15-6　添加新问题后的投票问题管理页面

可以使用同样的方法在管理页面中注册选项 Choice 模型，之后依次添加问题的若干个选项，并通过外键字段 question 与所属的问题对象相关联。然而，这样做是十分复杂的，下面将介绍一种更为便捷的实现方式——自定义表单，如代码清单 15-3 所示。

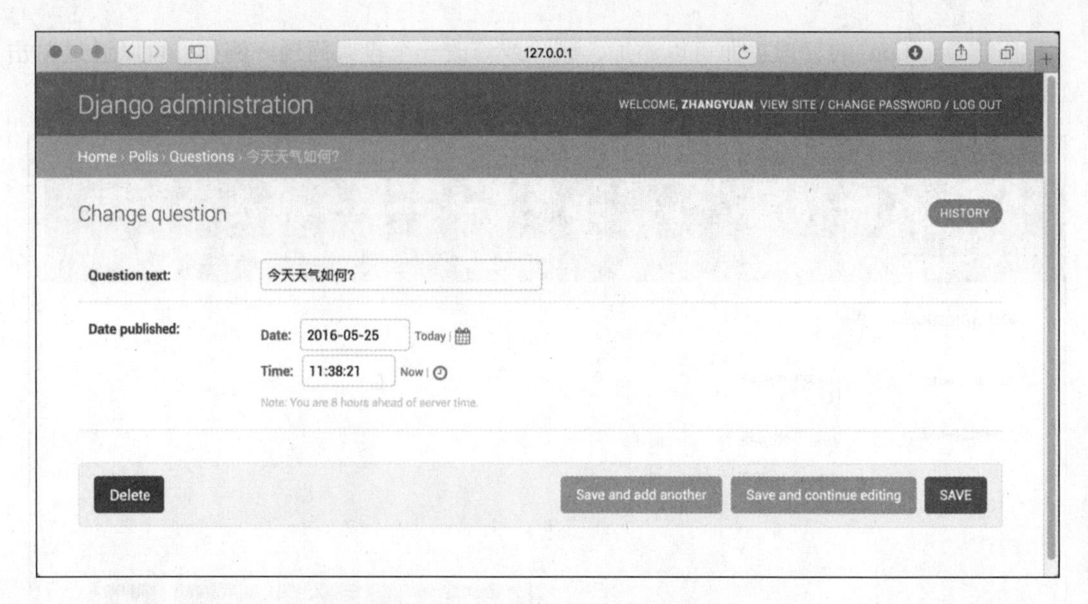

图 15-7　编辑与管理投票问题管理页面

代码清单 15-3　admin.py。

```
1   from django.contrib import admin
2   from .models import Choice, Question
3   class ChoiceInline(admin.StackedInline):                #默认显示 3 个选项的列表
4   model = Choice
5   extra = 3
6   #自定义的投票问题表单
7   class QuestionAdmin(admin.ModelAdmin):
8    fieldsets = [
9   (None, {'fields': ['question_text']}),
10  ('Date information', {'fields': ['pub_date'], 'classes': ['collapse']}),
11  ]  #投票问题和发布时间
12  inlines = [ChoiceInline]                                #投票问题的选项
13  admin.site.register(Question, QuestionAdmin)            #将自定义表单注册到管理页面
```

在代码清单 15-3 中，通过继承于 admin.ModelAdmin 类的子类 QuestionAdmin 定义了一个自定义表单，该表单包括两部分：一部分是问题 Question 本身的字段，即问题和发布时间（以默认隐藏选项卡形式显示）；另一部分是以外键方式与投票问题相关联的选项列表 ChoiceInline 类。其中，ChoiceInline 类定义了通过外键与问题关联的模型 Choice，以及默认出现的选项数。最终，该自定义表单的效果如图 15-8 所示，可以在同一个页面内填写问题及其选项，若需要添加新的选项，可以选择 Add another Choice 选项。保存后，可以再次通过该页面修改投票问题及其选项，并查看每个选项的投票次数。

至此，基本完成了对后台管理页面的生成工作。当然，还可以对页面的很多地方进行个性化修改，例如，可以使得如图 15-6 所示的投票问题管理页面显示更多信息，并添加投票问题过滤功能。

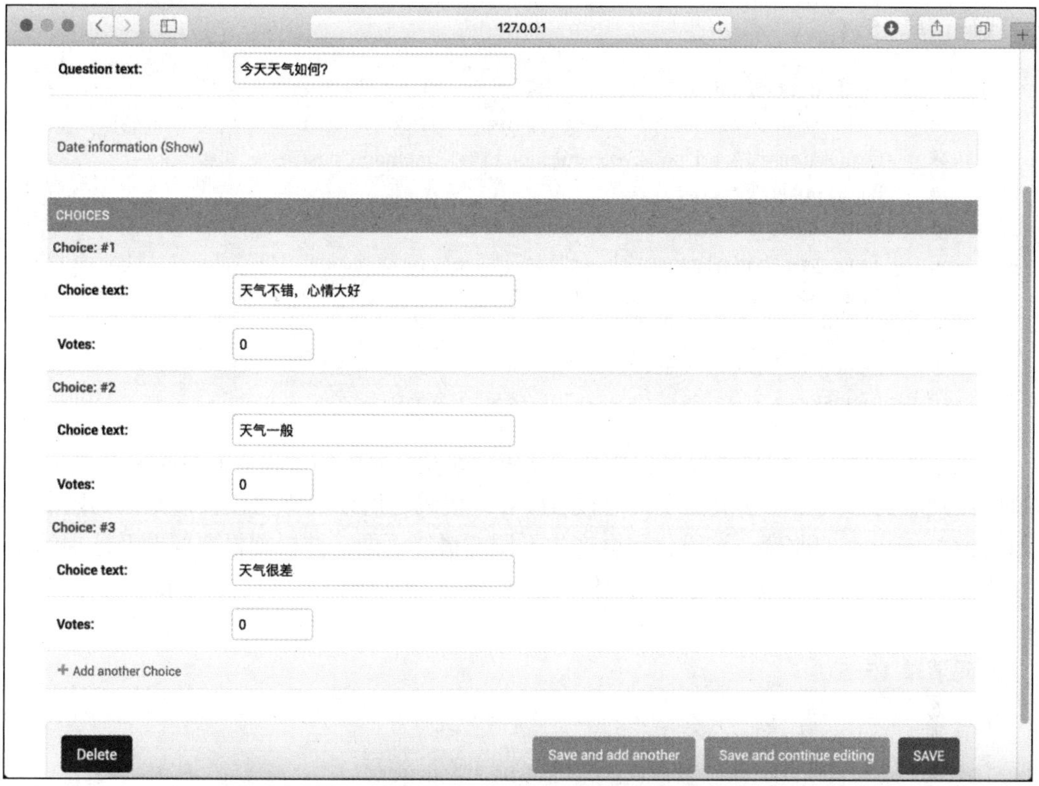

图 15-8　自定义表单页面

15.4　构建前端页面

在本节中，将继续以投票应用为例介绍如何构建一个面向用户的前端页面。在 Django 框架中，前端页面的搭建是使用视图和模板相配合的方式实现的。下面，将依次介绍这两个概念。

在 Django 中，视图用来定义一类具有相似功能和外观的页面，通常使用一个特定的 Python 函数提供服务，并且与一个特定的模板相关联以生成与用户交互的前端页面。使用视图的方式，可以减少代码的重复编写，例如，不需要为每个投票问题都编写一个投票页面，而只需使用投票视图定义这一类投票页面即可。

在投票应用中，将有以下两个视图。

- 首页视图：最新发布的投票问题的投票表单。
- 投票功能视图：处理用户的投票行为。

下面将主要介绍这两个视图及其对应模板的构建。视图是以 Python 函数的形式编写在应用的 views.py 文件中的（polls/views.py），而每个视图所对应的模板存放在应用的模板路径下与应用同名的文件夹中（polls/templates/polls/）。可以说，模板的作用是描述一类页面应具有的布局样式，而视图会处理用户对此类页面的请求，并"填充"模板最终返回一个具体的 HTML 页面。下面，首先为首页视图创建了一个模板，如代码清单 15-4 所示。

代码清单 15-4

```
1   <h1>{{ question.question_text }}</h1>
2   {% if error_message %}<p><strong>{{ error_message }}</strong></p>{% endif %}
3   <form action="{% url 'polls:vote' question.id %}" method="post">
4   {% csrf_token %}
5   {% for choice in question.choice_set.all %}
6    <input type="radio" name="choice" id="choice{{ forloop.counter }}" value="{{ choice.id }}" />
7    <label for="choice{{ forloop.counter }}">{{ choice.choice_text }}</label><br />
8   {% endfor %}
9   <input type="submit" value="Vote" />
10  </form>
```

在上面的模板中，将最新投票问题变量 question 及其对应的选项 question.choice_set 集合以超链接列表的形式显示在页面上。这段 HTML 代码之所以被称为模板，是因为随着投票问题变量 question 的改变，这段代码会产生不同的最终页面，并根据投票问题及选项的不同对投票操作做出不同的响应，而这是由代码清单 15-5 中所创建的首页视图 index 和投票视图 vote 两个函数所实现的。

代码清单 15-5

```
1   from django.http import HttpResponse
2   from django.shortcuts import get_object_or_404, render
3   from .models import Question, Choice
4   def index(request):
5   #获取最新的投票问题，若没有投票问题则返回 404 错误
6   try:
7   question = Question.objects.order_by('-pub_date')[0]
8   except Question.DoesNotExist:
9   raise Http404("还没有投票问题！")
10   #设定使用上面代码中的 question 填充模板中的变量 question
11  context = {'question': question}
12  #使用 render 函数“填充”模板
13  return render(request, 'polls/index.html', context)
14  def vote(request, question_id):
15  p = get_object_or_404(Question, pk=question_id)
16  try:
17  #获取被投票的选项
18  selected_choice = p.choice_set.get(pk=request.POST['choice'])
19  except (KeyError, Choice.DoesNotExist):
20  #若没有选择任何选项，则返回投票页面，并提示错误
21  return render(request, 'polls/index.html', {
22  'question': p,
23  'error_message': "您还没有选任何选项！",
24  })                                #将错误信息填充到模板中的变量 error_message
```

```
25      else:
26      #更改数据库，将被投票选项的投票数加 1
27      selected_choice.votes += 1
28      selected_choice.save()
29      return HttpResponse("投票成功！")
```

最后，只需将视图与 URL 绑定即可。在 Django 中，可以自由地设计想要的 URL，并通过项目的 urls.py 和应用的 url.py（polls/url.py）文件与视图函数绑定，如代码清单 15-6 和代码清单 15-7 所示。

代码清单 15-6

```
1       from django.conf.urls import url,include
2       from django.contrib import admin
3       urlpatterns = [
4       url(r'^polls/', include('polls.urls', namespace="polls")),
5         url(r'^admin/', admin.site.urls),
6       ]  #使用 include 函数引用了 polls/urls.py 文件
```

代码清单 15-7

```
1       from django.conf.urls import url
2       from . import views
3       urlpatterns = [
4        url(r'^$', views.index, name='index'),
5        url(r'^(?P<question_id>[0-9]+)/vote/$', views.vote, name='vote'),
6       ]  #使用正则表达式匹配 URL，并调用相应的视图
```

至此，已经完成了一个简易投票系统的全部搭建工作，重启服务器后（因为添加了部分文件），可以通过“域名/polls/”（默认为 http://127.0.0.1:8000/polls/）来访问这个应用，页面效果如图 15-9 所示。选择一个选项并单击“投票”按钮，即可完成投票，投票成功后会跳转到“投票成功！”提示页面。此时，进入这个问题的后台管理页面，如图 15-10 所示，可以看到“天气不错，心情大好”这个选项的投票数变为了 1。

图 15-9　投票首页

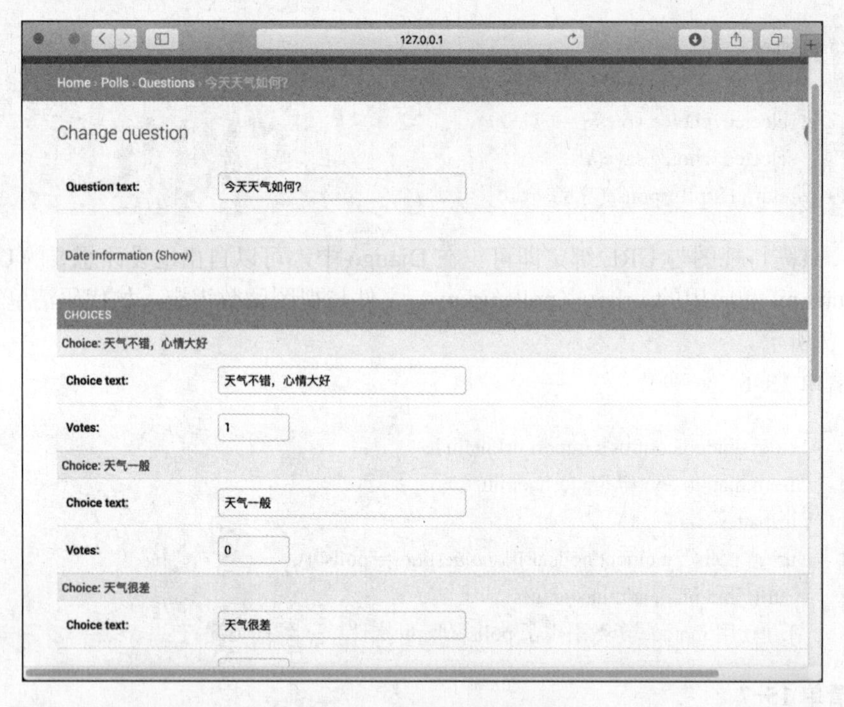

图 15-10　投票问题管理页面

习题

一、简述题

1．结合本章中的例子，谈谈对 MVC 设计开发模式的认识。

2．概述 Django 中的数据模型（models）、应用（APPs）、视图（views）和模板（templets）这 4 个概念及其关系。

二、实践题

1．使用 Django 建立一个简单的用户注册和登录页面。

2．使用 Django 建立一个博客站点，要求至少可以发布、删除、修改和查看博文。

第 16 章　Python 综合应用实例

通过学习本章知识，可使读者能够拥有较强的 Python 语言编程能力，包括两个实例，分别是带图形界面的简易计算器和简单的网络爬虫。这两个例子覆盖了之前章节中的很多知识，通过学习这两个例子，希望读者能了解 Python 语言的魅力，并且能使用 Python 这门语言解决学习工作中所遇到的问题。

16.1　带图形界面的简易计算器

用到的知识点有：Tkinter 图形界面编程、匿名函数的应用、简单的异常处理。

在制作简易的图形界面计算器之前，首先思考所制作的计算器需要哪些功能与组件。首先，需要按下按钮输入表达式，表达式需要支持加、减、乘、除、括号、取模和小数点；其次，还需要一个按钮来清空表达式；接下来，需要“等号”按钮计算表达式；最后需要显示表达式与结果。显示器使用 Tkinter 的 Entry 输入框来实现，其他按钮使用 Button 实现。

在编译类语言中，实现表达式求值不是一件容易的事，需要结合数据结构“栈”来运算。不过 Python 作为一种动态的解释型语言，可以使用稍微“偷懒”的方法，即使用“eval(表达式)”函数来计算表达式的值。然而，在真正开发项目时，不建议使用 eval 函数，因为 eval 函数会导致任意代码执行漏洞，影响安全性。

首先，将计算器的界面封装到 App 类中进行编写，如代码清单 16-1 所示。

代码清单 16-1

```
1   #-*- coding:utf-8 -*-
2   import Tkinter as tk
3   class App:
4   def __init__(self, master):
5   self.master = master
6   frame = tk.Frame(master)
7   frame.pack()
8   keys = '789+456-123*0./%()'
9   s = tk.StringVar()
10  screen = tk.Entry(frame, textvariable=s, state='readonly')
11  screen.grid(column=0, row=0, columnspan=4)
12  for x in range(0, 4):
13  for y in range(1, 6):
14  if x + (y - 1) * 4 >= len(keys):
15  break
16  button_key = keys[x + (y - 1) * 4]
```

```
17    tk.Button(frame, text=button_key, width=3).grid(column=x, row=y)
18    tk.Button(frame, text='C', width=3).grid(column=2, row=5)
19    tk.Button(frame, text='=', width=3).grid(column=3, row=5)
20    if __name__ == '__main__':
21    root = tk.Tk()
22    app = App(root)
23    root.mainloop()
```

运行上述代码后，得到如图 16-1 所示的界面。

为了在使用 eval 函数的同时尽可能提高安全性，将输入框修改为只读模式，这样，只能通过单击按钮来输入表达式。下面，需要为按钮添加命令。

首先，数字、运算符、括号和小数点对应的按钮的功能都是相似的。用户按下这些按钮时，计算器的显示器上应该追加对应的字符。这里使用 Button 组件的 command 属性和 lambda 匿名函数的方式来实现。将创建这些按钮的代码按照如代码清单 16-2 所示的方式进行修改。

代码清单 16-2

```
tk.Button(frame, text=button_key, width=3,
command=lambda s=s, c=button_key: s.set(s.get() + c)
).grid(column=x, row=y)
```

在这段代码中，使用 lambda 创建了匿名函数，传入了显示器的字符串变量与按钮的字符，在显示器字符串变量后追加了按钮对应的字符。这样，即可实现单击按钮输入表达式的功能。依次单击 1、+和 1 后，得到如图 16-2 所示的效果。

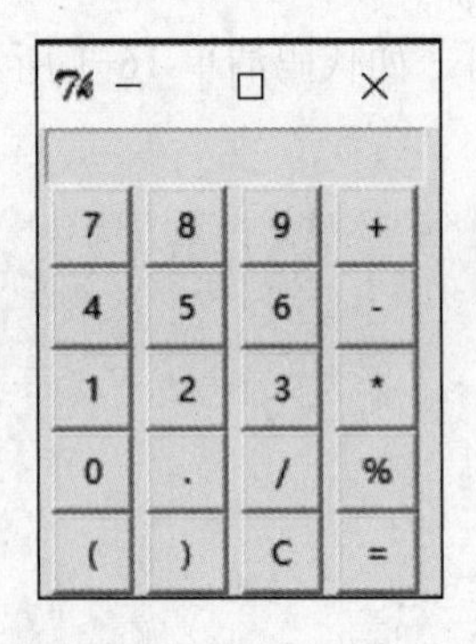

图 16-1　计算器界面

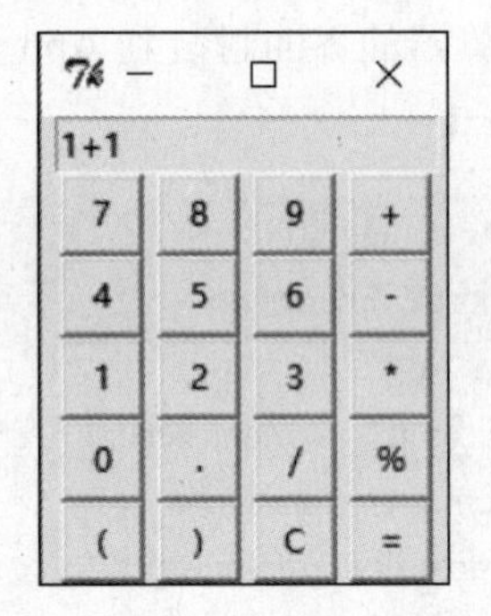

图 16-2　单击按钮输入表达式

接下来，编写清空表达式的命令。这个命令同样使用匿名函数来实现，将按钮 C 的代码按照如代码清单 16-3 所示进行修改。

代码清单 16-3

```
tk.Button(frame, text='C', width=3, command=lambda s=s: s.set("")).grid(column=2, row=5)
```

最后，需要编写计算表达式并显示的函数。因为在这个过程中，需要使用异常处理来处理错误的输入，所以需要编写一个函数 cal 用来计算。因为 cal 函数中需要传入显示器的字符串变量，因此需要使用匿名函数结合一般函数的方法来实现。添加了所有功能的代码如代码清单 16-4 所示。

代码清单 16-4

```
1   #-*- coding:utf-8 -*-
2   import Tkinter as tk
3   def cal(s):
4   try:
5   s.set(eval(s.get()))
6   except:
7   s.set("Error!")
8   class App:
9   def __init__(self, master):
10  self.master = master
11  frame = tk.Frame(master)
12  frame.pack()
13  keys = '789+456-123*0./%()'
14  s = tk.StringVar()
15  screen = tk.Entry(frame, textvariable=s, state='readonly')
16  screen.grid(column=0, row=0, columnspan=4)
17  for x in range(0, 4):
18  for y in range(1, 6):
19  if x + (y - 1) * 4 >= len(keys):
20  break
21  button_key = keys[x + (y - 1) * 4]
22  tk.Button(frame, text=button_key, width=3,
23  command=lambda s=s, c=button_key: s.set(s.get() + c)
24  ).grid(column=x, row=y)
25  tk.Button(frame, text='C', width=3,
26  command=lambda s=s: s.set("")).grid(column=2, row=5)
27  tk.Button(frame, text='=', width=3,
28  command=lambda s=s: cal(s)).grid(column=3, row=5)
29  if __name__ == '__main__':
30  root = tk.Tk()
31  app = App(root)
32  root.mainloop()
```

在 cal 函数中使用 try/except 处理异常，如果表达式错误，将显示“Error!”

接下来，运行并测试这个计算器。首先，计算表达式“（1+2）*4/3”，得到的结果如图 16-3 所示。

接下来输入错误的表达式“2.*/0”，计算后会显示错误信息，如图 16-4 所示。

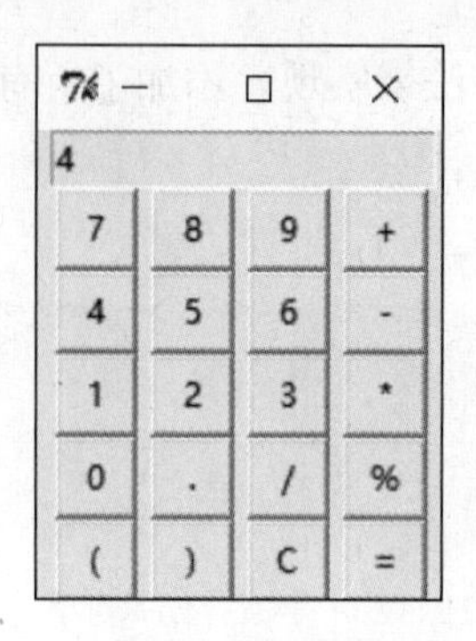

图 16-3　计算表达式

图 16-4　表达式错误

16.2　简单的网络爬虫

用到的知识点有：网络请求、正则表达式、数据库应用、多线程编程。

网络爬虫是一种按照一定的规则，自动地抓取互联网信息的程序或者脚本。通过网络爬虫，可以快速获取网络上的信息，便于之后的统计分析与调查研究。本节将以爬取豆瓣电影TOP250为例，为读者介绍简单的爬虫技术。

在通过浏览器输入 HTTP 协议的网址访问网页时，实际上是向对应的服务器发送了一个 GET 请求。HTTP 协议规定了很多种请求，如 GET、POST、PUT 和 DELETE 等。网站服务器的后端程序从数据库提取数据、渲染模板后，将 HTML 网页发送回访问者，访问者的浏览器会对 HTML 渲染，最终呈现给用户。简单的网络爬虫同样采取这种策略：发送 GET 请求、从返回的 HTML 页面中提取信息、储存信息。

首先，需要解决发送请求的问题。Python 提供了 urllib 和 urllib2 库来支持 Web 访问。不过这两个库提供的功能比较全面，操作相对复杂。可以使用 Python 的第三方库 requests 来操作 Web 访问。可以使用 pip 安装 requests 模块，如代码清单 16-5 所示。

代码清单 16-5

```
pip install requests
```

安装成功后，先模拟发送一次 GET 请求，如代码清单 16-6 所示。

代码清单 16-6

```
1    #-*- coding:utf-8 -*-
2    import requests
3    url = 'https://movie.douban.com/top250'
4    headers = {
5    'User-Agent': 'Mozilla/5.0 (Windows NT 10.0; Win64; x64) AppleWebKit/537.36 (KHTML, like Gecko) Chrome/60.0.3112.113 Safari/537.36',
6    }
7    res = requests.get(url, headers=headers)
8    print res.text
```

在这段代码中，使用了 requests 的 get 方法来发送 get 请求，get 方法的第一个参数是访问的 URL，还自选了 headers 参数。headers 参数用来自定义请求的 Header 头信息，headers 是一个字典类型，在本例中，自定义了 User-Agent 参数，这个参数一般用来标识发送请求的环境。因为很多网站会通过 User-Agent 检测爬虫程序，因此需要模拟浏览器的 User-Agent 来发送请求。requests 的 get 方法会返回一个 Response 对象，具有 text 属性，这个属性即后端返回的 HTML 页面代码。读者运行这段代码后，可以输出豆瓣电影 TOP250 的 HTML 页面代码。

接下来，需要从这个 HTML 页面中提取有用的信息。在浏览器中访问这个页面，可以看到网页中罗列了电影列表，如图 16-5 所示。在列表中，只提供了很少的与电影相关的信息。因此，如果想获取更多信息，需要访问电影的详细页。因此，需要从列表中获取电影详细页的 URL 地址。

图 16-5　豆瓣电影 TOP250 页面

在浏览器中按〈F12〉键，可以打开浏览器的调试面板。以 Chrome 浏览器为例，在按〈F12〉键后打开的 Elements 面板中，可以快速访问 HTML 代码内容，从中可以看到电影的详细页 URL，如图 16-6 所示。

```
▼<div class="info">
  ▼<div class="hd">
    ▼<a href="https://movie.douban.com/subject/1292052/" class>
        <span class="title">肖申克的救赎</span>
        <span class="title"> / The Shawshank Redemption</span>
        <span class="other"> / 月黑高飞(港)  /  刺激1995(台)</span>
      </a>
      <span class="playable">[可播放]</span>
```

图 16-6　电影详细页的 URL

因此，需要使用正则表达式从中提取出电影的 URL 连接。另外，豆瓣电影 TOP250 每页只显示 25 条信息，需要分 10 次爬取列表才能获取完整的 250 条电影列表。在浏览器中单击第二页，查看 URL 的变化，如图 16-7 所示。

安全 | https://movie.douban.com/top250?start=25&filter=

图 16-7　豆瓣电影 TOP250 第二页的 URL

可见，URL 中的 start 参数用来表示需要显示的电影排名起点。只需要修改 start 参数的值，即可获取不同页的内容。为了方便访问，将爬取 URL 封装成一个函数，如代码清单 16-7 所示。

代码清单 16-7

```
1   def crawlURL(page):
2   print 'Crawling URLs... ... Page : %s' % (page,)
3   offset = (page - 1) * 25
4   url = 'https://movie.douban.com/top250?start=%s&filter=' % (offset)
5   headers = {
6   'User-Agent': 'Mozilla/5.0 (Windows NT 10.0; Win64; x64) AppleWebKit/537.36 (KHTML, like Gecko) Chrome/60.0.3112.113 Safari/537.36',
7   }
8   res = requests.get(url, headers=headers)
9   html = res.text
10  urls = re.findall(r'(?<=<a href=")https://movie.douban.com/subject/\d+/(?=">)', html)
11  return urls
```

这个函数接受一个 page 参数，并通过“(page-1)*25”将其转换成 start 参数的值。在函数中，使用正则表达式来提取电影详细页面的 URL 地址。直接调用这个函数访问第一页并将得到的 URL 列表输出进行测试，可以得到如代码清单 16-8 所示的效果。

代码清单 16-8

```
1   Crawling URLs... ... Page : 1
2   [u'https://movie.douban.com/subject/1292052/', u'https://movie.douban.com/subject/1291546/', u'https://movie.douban.com/subject/1295644/', u'https://movie.douban.com/subject/1292720/', u'https://movie.douban.com/ subject/1292063/',
3   #以下部分省略… …
```

可见，成功地获取了电影的 URL 信息。得到 URL 列表后，可以以同样的方式编写函数来获取电影的详细信息，如代码清单 16-9 所示。

代码清单 16-9

```
1   def crawlinfo(url):
2   print 'Crawling info... ... URL : %s' % (url,)
3   global mutex
4   headers = {
```

```
5    'User-Agent': 'Mozilla/5.0 (Windows NT 10.0; Win64; x64) AppleWebKit/537.36 (KHTML, like
Gecko)
6    Chrome/60.0.3112.113 Safari/537.36',
7    }
8    res = requests.get(url, headers=headers)
9    html = res.text
10   id = re.search(r'\d+', url).group(0)
11   name = re.search(r'(?<=<span property="v:itemreviewed">).*?(?=</span>)', html).group(0)
12   director = re.search(r'(?<=rel="v:directedBy">).*?(?=</a>)', html).group(0)
```

通过查看详细页的代码，可以编写对应的正则表达式。本例中，只提取了 id、电影名和导演信息。读者可以编写更复杂的正则表达式来提取更多信息。在 HTML 中提取信息，正则表达式不一定是最佳的选择，除此之外，读者还可以使用 xpath、BeautifulSoup 等工具从 HTML 中提取信息。

这两个函数已经完成了提取信息的工作，为了储存信息，需要使用数据库。本例使用 SQLAlchemy 的 orm 框架与 SQLite 储存信息。首先，要声明并创建数据表，如代码清单 16-10 所示。

代码清单 16-10

```
1    from sqlalchemy import *
2    from sqlalchemy.orm import *
3    from sqlalchemy.ext.declarative import declarative_base
4    engine = create_engine('sqlite:///doubantop250.db', encoding='utf-8', echo=False)
5    Base = declarative_base()
6    session_class = sessionmaker(bind=engine)
7    class Movie(Base):
8    __tablename__ = 'movie'
9    id = Column(BigInteger, primary_key=True)
10   name = Column(String)
11   director = Column(String)
12   def __init__(self, id, name, director):
13   self.id = id
14   self.name = name
15   self.director = director
16   def __str__(self):
17   return '< Movie id = %s name = %s director = %s >' % (self.id, self.name.encode('utf-8'),
self.director. encode('utf-8'))
18   Base.metadata.create_all(engine)
```

运行后，将得到一个具有 movie 表的数据库 doubantop250.db。接下来，需要对爬取的内容进行存储。由于网络访问的速度一般远远低于 CPU 的执行速度，为了节省时间，可以采用多线程爬虫来爬取页面。这样，相当于同时打开多个网页，节省了依次等待网页加载的时间。

使用多线程会为程序带来一个问题，即线程安全问题，特别是在有数据库操作时。为了保证线程安全，这里使用互斥。在数据库操作前请求锁，在数据库操作后释放锁。

最后，为了程序使用方便，通过接受用户输入来决定执行的功能是创建数据库、爬取信息，还是访问爬取的信息。对这个爬虫的代码进行综合处理后，如代码清单 16-11 所示。

代码清单 16-11

```
1  #-*-coding:utf-8 -*-
2  from sqlalchemy import *
3  from sqlalchemy.orm import *
4  from sqlalchemy.ext.declarative import declarative_base
5  import re
6  import requests
7  import time
8  import threading
9  engine = create_engine('sqlite:///doubantop250.db', encoding='utf-8', echo=False)
10 Base = declarative_base()
11 session_class = sessionmaker(bind=engine)
12 class Movie(Base):
13  __tablename__ = 'movie'
14 id = Column(BigInteger, primary_key=True)
15 name = Column(String)
16 director = Column(String)
17 def __init__(self, id, name, director):
18 self.id = id
19 self.name = name
20 self.director = director
21 def __str__(self):
22 return '< Movie id = %s name = %s director = %s >' % (
23 self.id, self.name.encode('utf-8'), self.director.encode('utf-8'))
24 def crawlURL(page):
25 print 'Crawling URLs... ... Page : %s' % (page,)
26 offset = (page - 1) * 25
27 url = 'https://movie.douban.com/top250?start=%s&filter=' % (offset)
28 headers = {
29 'User-Agent': 'Mozilla/5.0 (Windows NT 10.0; Win64; x64) AppleWebKit/537.36 (KHTML, like
Gecko) Chrome/60.0.3112.113 Safari/537.36',
30 }
31 res = requests.get(url, headers=headers)
32 html = res.text
33 urls = re.findall(r'(?<=<a href=")https://movie.douban.com/subject/\d+/(?=">)', html)
34 return urls
35 def crawlinfo(url, mutex):
36 print 'Crawling info... ... URL : %s' % (url,)
37 headers = {
38 'User-Agent': 'Mozilla/5.0 (Windows NT 10.0; Win64; x64) AppleWebKit/537.36 (KHTML, like
Gecko) Chrome/60.0.3112.113 Safari/537.36',
39 }
40 res = requests.get(url, headers=headers)
```

```
41 html = res.text
42 id = re.search(r'\d+', url).group(0)
43 name = re.search(r'(?<=<span property="v:itemreviewed">).*?(?=</span>)', html).group(0)
44 director = re.search(r'(?<=rel="v:directedBy">).*?(?=</a>)', html).group(0)
45 mutex.acquire()
46 session = session_class()
47 session.add(Movie(id, name, director))
48 session.commit()
49 mutex.release()
50 op = raw_input('Please choose mode : 1.Create Table 2.Crawl 3.Print Result\n')
51 if op == '1':
52 Base.metadata.create_all(engine)
53 elif op == '2':
54 urllist = []
55 for i in range(1, 11):
56 urllist += crawlURL(i)
57 time.sleep(3)
58 mutex = threading.Lock()
59 for url in urllist:
60 time.sleep(1)
61 threading.Thread(target=crawlinfo, args=(url, mutex)).start()
62 elif op == '3':
63 session = session_class()
64 movies = session.query(Movie).all()
65 for movie in movies:
66 print movie
```

在使用时，首先使用 1 选项建立数据库。接着，使用 2 选项开始爬取，爬取时的输出结果如图 16-8 所示。

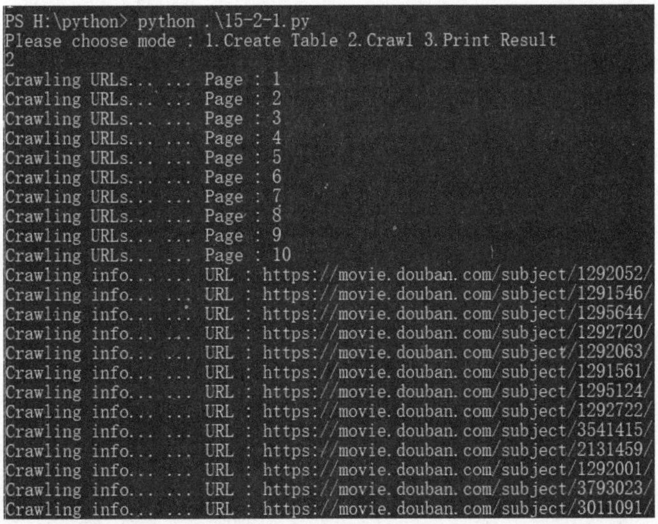

```
PS H:\python> python .\15-2-1.py
Please choose mode : 1.Create Table 2.Crawl 3.Print Result
2
Crawling URLs... ... Page : 1
Crawling URLs... ... Page : 2
Crawling URLs... ... Page : 3
Crawling URLs... ... Page : 4
Crawling URLs... ... Page : 5
Crawling URLs... ... Page : 6
Crawling URLs... ... Page : 7
Crawling URLs... ... Page : 8
Crawling URLs... ... Page : 9
Crawling URLs... ... Page : 10
Crawling info... ... URL : https://movie.douban.com/subject/1292052/
Crawling info... ... URL : https://movie.douban.com/subject/1291546/
Crawling info... ... URL : https://movie.douban.com/subject/1295644/
Crawling info... ... URL : https://movie.douban.com/subject/1292720/
Crawling info... ... URL : https://movie.douban.com/subject/1292063/
Crawling info... ... URL : https://movie.douban.com/subject/1291561/
Crawling info... ... URL : https://movie.douban.com/subject/1295124/
Crawling info... ... URL : https://movie.douban.com/subject/1292722/
Crawling info... ... URL : https://movie.douban.com/subject/3541415/
Crawling info... ... URL : https://movie.douban.com/subject/2131459/
Crawling info... ... URL : https://movie.douban.com/subject/1292001/
Crawling info... ... URL : https://movie.douban.com/subject/3793023/
Crawling info... ... URL : https://movie.douban.com/subject/3011091/
```

图 16-8 爬取详细内容

当爬取结束后，使用 3 选项来查看爬取到的内容（Windows 系统下 cmd 与 PowerShell 默认使用 GBK 编码，而这里使用的是 UTF-8 编码，会导致中文输出乱码，可以在 cmd 或 PowerShell 中输入 chcp 65001 来切换到 UTF-8 编码），如图 16-9 所示。

```
Windows PowerShell
Active code page: 65001
PS H:\> python .\15-2-1.py
Please choose mode : 1.Create Table 2.Crawl 3.Print Result
3
< Movie id = 1292052 name = 肖申克的救赎 The Shawshank Redemption director = 弗兰克・德拉邦特 >
< Movie id = 1291546 name = 霸王别姬 director = 陈凯歌 >
< Movie id = 1295644 name = 这个杀手不太冷 Léon director = 吕克・贝松 >
< Movie id = 1292720 name = 阿甘正传 Forrest Gump director = 罗伯特・泽米吉斯 >
< Movie id = 1292063 name = 美丽人生 La vita è bella director = 罗伯托・贝尼尼 >
< Movie id = 1291561 name = 千与千寻 千と千尋の神隠し director = 宫崎骏 >
< Movie id = 1295124 name = 辛德勒的名单 Schindler&#39;s List director = 史蒂文・斯皮尔伯格 >
< Movie id = 1292722 name = 泰坦尼克号 Titanic director = 詹姆斯・卡梅隆 >
< Movie id = 3541415 name = 盗梦空间 Inception director = 克里斯托弗・诺兰 >
< Movie id = 2131459 name = 机器人总动员 WALL・E director = 安德鲁・斯坦顿 >
< Movie id = 1292001 name = 海上钢琴师 La leggenda del pianista sull&#39;oceano director = 朱塞佩・托纳多雷 >
< Movie id = 3793023 name = 三傻大闹宝莱坞 3 Idiots director = 拉吉库马尔・希拉尼 >
< Movie id = 3011091 name = 忠犬八公的故事 Hachi: A Dog&#39;s Tale director = 拉斯・霍尔斯道姆 >
< Movie id = 1291549 name = 放牛班的春天 Les choristes director = 克里斯托夫・巴拉蒂 >
< Movie id = 1292213 name = 大话西游之大圣娶亲 西遊記大結局之仙履奇緣 director = 刘镇伟 >
< Movie id = 1291560 name = 龙猫 となりのトトロ director = 宫崎骏 >
< Movie id = 1291841 name = 教父 The Godfather director = 弗朗西斯・福特・科波拉 >
```

图 16-9　爬取到的内容

参 考 文 献

[1] Wesley Chun. Python 核心编程[M]. 孙波翔, 李斌, 李晗, 译. 北京：人民邮电出版社，2016.

[2] Allen B Downey. 像计算机科学家一样思考 Python[M]. 赵普明, 译. 北京：人民邮电出版社，2013.

[3] Mark Lutz. Python 学习手册[M]. 侯靖，译. 北京：机械工业出版社，2009.

[4] Bill Lubanovicz. Python 语言及其应用[M]. 梁杰, 丁嘉瑞, 禹常隆, 译. 北京：人民邮电出版社，2015.

[5] Laura Cassell，Alan Gauld. Python 项目开发实战[M]. 高弘扬, 卫莹, 译. 北京：清华大学出版社，2015.

[6] 张志强, 赵越. 零基础学 Python[M]. 北京：机械工业出版社，2015.

[7] 梁勇. Python 语言程序设计[M]. 北京：机械工业出版社，2016.

[8] 周元哲. Python 程序设计基础[M]. 北京：清华大学出版社，2015.

[9] 董付国. Python 程序设计基础[M] 北京：清华大学出版社，2015.